Stephen Jay Gould

I Have Landed

The End of a Beginning in Natural History

ぼくは上陸している

上

進化をめぐる旅の始まりの終わり

スティーヴン・ジェイ・グールド

渡辺政隆訳

早川書房

ぼくは上陸している〔上〕

――進化をめぐる旅の始まりの終わり

I HAVE LANDED
The End of a Beginning in Natural History
by
Stephen Jay Gould
Copyright © 2002 by
Turbo, Inc.
Translated by
Masataka Watanabe
First published 2011 in Japan by
Hayakawa Publishing, Inc.
This book is published in Japan by
arrangement with
Harmony Books
a division of Random House, Inc.
through Japan Uni Agency, Inc., Tokyo.

わが読者のみなさまに

古代そして世界の（そして今なお続いている）文学の同業者に捧げる

目次

下巻目次

はじめに

はじめにの前置き

右の小見出しは矛盾しているように見えるが、悲しい必然性と適切な場所を正しく形容したものである。この前置きは、実際に書かれた順番から言っても、はじめから意図していたものではないのは明らかという意味でも追加なのだが、気味が悪いほど継ぎ目のない構成となっている。これは避けられない終わりを迎えるにふさわしい構成であり、本書は、最初のエッセイと書名となったエッセイへの再帰によって編まれている。次に続く「はじめに」を書いたのは二〇〇一年の夏である。二〇〇一年は、私自身の経歴に生じたたくさんの偶然の一致に思いを馳《は》せ始めた年だ。本書の元をなすエッセイの連載がちょうど三〇〇回で終了した年であると同時に、二〇〇一年一月には新しい千年紀に突入したし、祖父がエリス島に到着したことでアメリカにおけるわが家の旅が開始されてちょうど一〇〇年目にあたる年でもあった。移民船から降りた、当時一四歳だった祖父は、さっそく購入した英文法の教科書に、「一九〇一年九月一一日、ぼくは上陸している」と書き込んだ。二〇〇一年九月一一日に何が起こったかを知るまともな人ならば誰もが、その日が味わった苦痛と変化を忘れることはないだろう。だから、ここでは余計なことは述べる必要がない。それでも言わずにいられないのは、ふつうの意味、倫理的な意味での義務感が命じるからだし、パパ・ジョーが一九〇一年に書き込んだ言葉が物語る格別の歓びと希望が、それからちょうど一〇〇年目の二〇〇一年になされた邪悪な行為によって消されてはいけないからだ。そこで最後の第八部には、私自身の心の遍歴の記録と、瓦礫《がれき》の中で涙にくれる中で進化生物学者として述べておかねばならない悲劇的希望のメッセージを記した四つの掌篇を収録した。

本当のはじめに

私が《ナチュラル・ヒストリー》誌に一般読者向けに書いたものをまとめた最初のエッセイ集『ダーウィン以来』は、進化理論について専門家向けに書いた初めての専門書『個体発生と系統発生』と、まったくの偶然から一九七七年に同時に出版された。《ニューヨークタイムズ》紙は、この同時出版は、異常とまでは言わないまでもきわめて異例なことであると見なし、その書評コーナーで私のことを文学趣味をもつ「フリーク」として取り上げた。私としても、その記事が、当時はまだ未発達なまま踏み出されていなかった私の経歴を後押ししたことは否定しない。私自身もこの同時出版を奇妙ではあるが幸運な偶然と見なしていたきらいがある（専門書のほうは、私にはいかんともしがたい事情で出版が一年以上も遅れていた。そのことで私はいらだち、その時点では、二つの異なる道で同時デビューできたことを幸運とは見なせない状態にあった)。

それからちょうど二五年が経過した今回もまた、意図したわけではないいらだちを抱えている(今回は完全に私自身のせいである。新千年紀の開始年にあたる二〇〇〇年か二〇〇一年に出版するつもりだった専門書が出せなかったからだ。その結果、回文年の二〇〇二年に出版するほかなくなった)。すでに終えた《ナチュラル・ヒストリー》誌上での連載をまとめた一般読者向けエッセイ集のラストにして一〇冊目にあたる本書も、専門家向けの私の〝ライフワーク〟と同時に出版されることになった。そちら(『進化理論の構造〔*The Structure of Evolutionary Theory*〕』)は、二〇年の歳月(私もこれで成人か)を要して書き上げた一五〇〇ページの大著である。しかし私はこの四半世紀のあいだにだいぶ変わった(書きぶりも考え方も向上したと信じたい)。もはや、専門書と〝一般向け〟との同時出版を異常とは思わないし、(研究者仲間のあいだでよくあることではないにしても、少なくとも原則として)興味深いこととも異例なこととも思わない。予想される読者に合わせた書きぶりの調整――いちばんわかりやすい例としては、一般向けのエッセイでは専門用語は避けること――を別とすれば、〝一般向け〟エッセイなるもののいちばんの定義について、一つの確信を得たからだ。それは、専門書でも一般書でも概念上の深みに差があるべきではないということだ。さもなければ、科学の高等教育を受けてはいないものの、どの専門家にも劣らないくらい科学が好きで、われわれにとっても地球の存続のためにも科学は重要であることをわかっている何百万人もの潜在的読者の関心と知性に対して失礼にあたる。

＊　自閉症で暦計算の天才である息子のジェシーが、回文年にはすごいパターンがあることを教えてくれた。千年紀の変わり目だけ〝かたまって〟いるというのだ。だからわれわれは一九九一年と二〇〇二年を体験できた。祖先は九九九年と一〇〇一年というもっとすごい年を体験した。しかしわれわれの子孫は、二一一二年が来るまで一世紀以上も待たねばならない。回文年の周期は一世紀を超えるからだ。そういうわけで、前から読んでも後ろから読んでも同じ年は、私が考えていた以上に稀《まれ》で特別な年なのだ。

偶然の一致と数字占いは、人々を怪しく魅了してやまない。その大きな理由の一つは、多くの人が確率をはなはだしく誤解していることにある。そのせいで、〝予期せぬ〟集合には、宇宙の根源に迫る隠された深い意味があるにちがいないと信じてしまう。たとえば、第二代大統領ジョン・アダムスと第三代大統領トマス・ジェファーソンの命日は同じ一八二六年七月四日であり（両人の生前の関係はさして良好ではなかった）、おまけに合衆国一五回目の建国記念日とも一致している。あるいは、チャールズ・ダーウィンとエイブラハム・リンカーンの誕生日は同じ一八〇九年二月一二日である。学者もそのような偶然の一致を活用している。たとえばジャック・バーザンは、その有名な著作（『ダーウィン、マルクス、ヴァーグナー』）で、この重要人物三人の主要な業績は一八五九年という同じ年に完成されたという点に焦点を合わせている。これについては私ももう少し小規模に流用し（5章参照）、ダーウィンを偉大な画家と偉大なナチュラリストと結びつけ、一八五九年の出来事にもっと緊密な関係が見つかることを論じている。そうは言いつつも、このような数字の一致が魅惑的に思えるのは、一般的な意味においても宇宙の秩序に関わることにおいても、いかなる意味もないため（観察される頻度は確率からふつうに期待できる頻度となんら変わらないので）、いかに突飛なものであれ好きな意味を課すことができるからにほかならない。

そういうわけで、月刊誌《ナチュラル・ヒストリー》での私の連載（一九七四年一月号から、癌闘病、惨劇、洪水、ワールドシリーズなどにもめげず一回の休載もなし）が新千年紀のスタートを画する年であると同時に、わが一族の合衆国到着一〇〇周年の年始めでもある二〇〇一年一月号でめでたく三〇〇回目を迎えることに気づいたとき、この数字の〝切りのよさ〟の偶然の一致を機に、エッセイ集も一〇冊目になることだし、連載を切り上げる潮時と解釈することにした（一〇という数字が特筆に値するのはたまたま一〇進法を用いているからにすぎない。もし私がマヤ王朝の皇太子ならば、二〇進法を用いているはずで、それほどの感慨はなかっただろう。しかしそうだったとしたら、科学エッセイなぞも書いてはいなかったはずだ）。しかも私は、わが人生で奇妙な偶然の一致が起こった特筆すべき年を隔てる年数がちょうど二五年（一〇進法の基本数の二乗の四分の一）という決定的な二重の一撃を食らってしまった。なにしろ、一九七七年に最初のエッセイ集と最初の専門書をおそろいで出版してから二五年後に、《ナチュラル・ヒストリー》誌由来の最後にあたる一〇冊目のエッセイ集と、わが人生最大の専門的〝モンスターグラフ〟（われわれの業界では、めちゃくちゃ分厚いモノグラフをこう呼び習わしている）が、今回も同時に出版されるのだ。こうなると、確率のことは十全に理解しているという自負はあるものの、何物かが私に向かって、一区切りをつけて先に進め（ただしペースを落とすことなく関心も微塵《みじん》も失うことなく――そんな選択肢は私の性分には存在しないのだが）と微笑みかけているにちがいないということをどうやって否定できるだろう。

この二五年間と一〇冊のエッセイ集で学んだことを要約するとすれば、自分自身の個性に向かってどんどん細分化していく分類学的なアナロジーを使うしかない。ライターが連なる樹木の太枝上という漠然とした場所から成長を開始して分枝を遂げ、本当の自分を発揮する特定の小枝へと分け入ったということだろう。いちばん最初は、倫理的な理由と実際的な理由から（さもなければ楽しみを味わうことも学ぶこともなかっただろう）、すでに述べたように「概念の単純化はなし」という〝科〟を選択した。言い換えるなら、読者を自分と同等に扱い、クルーズコントロールでドライブ中の「お気楽な視聴者」扱いはしないということだ。そうだとすれば私は、こういう言い方が許されるならば、懐《ふところ》の広いライターという特定の〝属〟に入ることになる。昔から私がガリレオ属と呼んできた分類群である。これは知的な謎解きをするライターのことで、それと対照的なのが、自然界の素晴らしさを謳《うた》い上げるフランシスコ属のライターである。さらに私は、ガリレオ属の中の特定の種に自分を分類したい。それは、自分がもつ科学的なテーマを人文的な文脈と関心事に統合しようとするライターであって、特定の科学的な謎を説明するための論理的明晰《めいせき》さに特殊化したライターではない（ちなみに私は、残念ながら未だに人気の高い私の処女作『ダーウィン以来』はあまり好きではないのだが、それは内容が古くさいからというわけではない。二五年も前に書いた本なのだから古くさくなるのは宿命であり、科学が健全に進展しているからにほかならない。書きぶりの幼稚さに赤面してしまうからでもない。主たる理由は、そこに収録されているエッセイはあまりにも一般的すぎて、今の自分が良しとする、個性的なスタイルを欠いているからだ）。

人文的自然史学の〝亜種〟であるための特有の口調を見出すことに私が成功しているとすれば、自分がたどってきた長く迂回した道を導いたのは、人は具体的にどのように科学を営むのかに関する私自身の関心である。科学者や他の分野の研究者は、複雑に入り組んだ結論へと向かって、いかにしてよろめきながらも突き進むのだろうか（不朽の価値のある大発見は、後世から見ればあきれるほど明白な無意識の社会的偏見と合体していた）。私の方法が首尾よくいけば、人間の弱点と自然界の事実との複雑な関係を、〝知の小伝〟とでも呼べそうな手法で説明できるのではないかと、私は期待している。言うなればそれは、興味深い献身的な学者や探求者が抱いていた動機や思想を煮詰めたエッセンスであり、取り上げる対象はあらゆる時代のあらゆる立場の人におよぶ。それは、当時最高の医師だったが、梅毒という新たに降りかかった業病《ごうびょう》に対しては命名できただけで治療法もその正体も見抜けなかった人物（11章で扱う一六世紀のフラカストロ）だったり、聖書と古生物学をヴィクトリア朝の熱烈な福音主義と調和させるためのみごとなアイデアを思いついた名もなき女性（7章のイザベル・ダンカン）だったりする。あるいは、エドワード朝生物学の大立者が、若き日にカール・マルクスの葬儀に唯一の英国人科学者として参列したことの謎解きもあるし（6章）、かのジークムント・フロイトに道を誤らせ、ヒトの系統発生の経路に関してじつに奇っ怪な想念を抱かせた、当時は正当だったものの現在は反証されている生物学の見解も取り上げる（8章）。いずれの知の小伝も、一個人に関する興味深い物語を語ると同時に、（うまくいっているとしたら）重要な科学的概念を説き明かしてもくれることだろう。

シリーズ最後のエッセイ集に収められた三一篇のエッセイを分ける八つのカテゴリーは、シリーズ全体の関心事を踏襲しているが、そこにいくらかのひねりも加わっている（もしかしたら著者というのはとかく都合よく言い立てるものかもしれないが、いつも私は、エッセイを一冊の本にまとめる際に、うれしい驚きを味わう。いくつかのカテゴリーがバランスよくまとまった形で並べられるのだ。一つひとつのエッセイはそれぞれが完結したもので、別に、空き部屋の空間を埋めるべく意図して書いたものでもないからこれは不思議なことである）。書名にもなっている最初のエッセイは、始まりに焦点を当てた締めくくりとして単独で一つのカテゴリーを占め、個々人の命は家系によってつながり、地上の生きものは進化によってつながっていることを称揚している。

第二のグループは、科学の事実、方法、関心事と人文学とは有意義なつながりがあるという私の熱い思いを表明したエッセイである。この場合の人文学は、2章は文学、3章は歴史、4章は音楽と演劇、5章は美術である。第三のグループは、三篇の知の小伝が収まっている。それぞれのエッセイが取り上げているのは、ダーウィン革命の余波をかぶった人物や思想である。第四のグループでは、一六世紀と一七世紀の思想家が自然界に対してとった、今から見ればずいぶん〝奇妙〟で、ありえないような知的態度を論じている。ここでも私は、小伝という、基本的には同じ手法を適用したつもりである。一六世紀というのは、ニュートンの世代が経験主義と実験という近代科学の概念を確立した〝科学革命〟(科学史家の用語)以前の時代である。今のわれわれと基本的には同じ心的能力をそなえていた当時の人々が抱いていた、魅力的かつ有力だったのだがほとんど絶滅してしまった世界観という〝知の古生物学〟に取り組むことで、現代のどんな通念を調べて証明するよりも、心的能力の柔軟性と限界について学べることは多い。

第五部は、一〇〇〇語かそれ以下の字数による、新聞の意見欄に相当するジャンルに属する掌篇である。12章と13章は、二つの異なる趣向を提供している。進化学の研究に関する創造説論者の言いがかりについて、一つはまったくの一般読者向けに《タイム》誌に書いたものであり、もう一つは科学の専門家向けに《サイエンス》誌に書いたものなのだ。残る四篇は、《ニューヨークタイムズ》紙と《タイム》誌に、おそらくは他のいかなる科学の概念よりも、進化論がいかに市民生活に(純粋に実際的な意味や技術的な意味でよりも哲学的、知性的に)根強く浸透しているかを示すために書いたものである。

第六部のエッセイは、進化理論のごく基本的な概念や定義（用語そのものの意味や、創造物語全般の本質とその限界、多様性と分類の意味、生命がたどってきた歴史の方向性ないし無方向性）について論じている。そこでは、統合を図るための工夫としてさまざまな方策を駆使している。伝記に寄せる私自身の関心（リンネを取り上げた21章、アガシ、フォン・ベア、ヘッケルを取り上げた22章）から、生きものに関するかなりありきたりな説明のしかた（羽毛の生えた恐竜というか初期の二足歩行鳥類について論じた23章）や、新千年紀の初日にあたる二〇〇〇年一月一日をハイドンの『天地創造』の演奏会に合唱団の一員として参加したことで、この進化生物学者はなぜこんなにもご満悦なのかを説く個人的な物語まである。第七部は、進化論の社会的な意味、有用さ、誤用について、生きもの間の価値について不公平で誤った区別をこじつけるために考案された基準について、在来植物と外来植物（24章）と、存在するとされている人種の優劣を例にして論じている。特に後者については、一七世紀、一八世紀、一九世紀から、それぞれ人種の平等性を擁護した稀有な一流科学者に関する楽観的な三篇のエッセイとなっている。

第五部と第八部に収められた掌篇は、いずれも雑誌や新聞の意見記事ないしは論説記事として発表されたものである。それ以外の長いエッセイの大半は、《ナチュラル・ヒストリー》誌の一九七四年一月号から二〇〇一年一月号まで、三〇〇回におよんだ連載の終盤を飾ったエッセイである。例外である五篇の初出は、ナボコフについて論じた2章は古書店主ポール・ホロウィッツの展示会用カタログ、ギルバートとサリヴァンについて論じた4章は《アメリカン・スカラー》誌、5章は首都ワシントンの国立美術館で開催されたフレデリック・チャーチの巨大風景画回顧展のカタログ、在来植物について論じた24章は首都ワシントン郊外の庭園博物館ダンバートン・オークスで開かれた景観設計学会の会議録、26章は《ディスカヴァー》誌である。

最後に言っておきたいことがある（と言いつつも、長い最後の言葉になることをご容赦いただきたい）。私は一九七三年末にこの連作エッセイを書き始めて以来、常に歓びを感じてきたことを打ち明けずにはいられない。毎回、私は新しいことや重要なことを学んできたし、誹謗《ひぼう》からおべっかまで、あらゆる類《たぐい》の反応を寄せた読者の方々と触れ合いをもってきた。そうした意見は、いずれもみな感情のこもったもので、どっちつかずというものはなかった。したがって私は、すべての方に感謝している。そうした賜物《たまもの》に対しては、一〇〇〇回の人生を繰り返してもお返しできそうにないとだけは言える。たしかに（後になされた発見に照らせば）誤った議論やばかげた議論を展開したことも多々あるものの、不精をしたり、上っ面をなぞっただけの二次文献にあたってよしとするような手抜きをして読者の信頼を裏切ったことは一度たりともないということだけは誓える。私は常に、原語で書かれた原典にあたった上で、エッセイを書いてきた（ただし例外が二つだけある。フラカストロの格調高いラテン語詩とベリンガーのきざな擬古ラテン語だけは、かつては科学界の共通語だったラテン語に対する私の未熟さでは歯が立たなかった）。

読者に誇れることはほかにもある。私はこの連作エッセイを、専門家向け学術論文を薄めてやさしく書き直したものにすることを拒否してきた。それどころか、オリジナルな研究論文と概念上の深さで（使用している用語を別にすれば）なんら変わらないと強く言いたい。したがって、本来ならば専門の学術論文を初出の場とすべき新発見や特異な解釈をこのエッセイで初めて発表することもためらわなかった。正直言ってそのことで何度も腹立たしい思いもしてきた。とんでもなく視野の狭い（と思われる）学者のなかには、専門の学者向けの査読つき学術誌に初出で発表されたものではないという理由で（私の学術論文は喜んで引用するのに）私のエッセイを引用したがらなかったり、ときにはきっぱりと引用を拒否されたことがたびたびあったからだ。それでも私は、通常の学術論文で初めて公表した発見よりも重要だったり、複雑でさえあるオリジナルな発見を連作エッセイで初めて公表するということを何度もしてきた。たとえば、ラマルクがその進化学説を初めて公表した著作の本人所有本に自ら書き込んだ、それまで知られていなかった重要な注記を見つけた。これは、私の大発見だと思う。しかし、その発見を初めて公表したのは、この連作エッセイにおいてだった（『マラケシュの贋化石』6章）。したがって、学術論文でその出典を引用しない学者もいることだろう。

この連作エッセイは、たとえ後世の最終的な判定が個々のエッセイをいかにひどい位置づけ、あるいは誤った位置づけ（あるいは単に忘れられやすい位置づけ）にしようが、ここで述べたような信念とやり方により、派生的ないし要約的な作品ではなく、特異的でオリジナルな作品であると、少なくとも私は胸を張れる。専門用語で言うなら、この連作エッセイは、〝二次文献〟ではなく〝一次文献〟であると同僚から見なされることを期待しているし、そうなると信じている。

この自負心を擁護するとしたら、四段階のオリジナリティの基準を持ち出したいところだ。最高のオリジナリティは客観的な革新性であり、最下位の第四のオリジナリティは、人によっては、有意義ないし啓発性のある特異性はそなえた風変わりな個性のごちゃまぜでしかないと誹謗するかもしれないオリジナリティである。

私が考える第一の基準では、何篇かのエッセイは、科学史上の重要文献に関する独創的な発見を提供している。独自の解釈が書き込まれた文献の発見（たとえば、アガシが最大のライバルであるヘッケルの代表作にあたる本にびっしりと書き込みをしたその内容を紹介した22章）や、公表されているデータに対する新しい分析（たとえば、原著者ははっきりと否定していた、人種間の平均脳サイズにわずかな差を見つけたことを論じた27章）がそれにあたる。

まっさらな発見というこのカテゴリーでは、本書に収められた革新的なエッセイのうち、私自身どれが好きかには、知的な面でも理論的な面でもさしたる意味はない。ただ、一人の偉大な女性の書き込みを見つけたとき、私はその得も言われぬ美しさと倫理的および美的な〝正しさ〟に打たれ、その女性ヘンリエッタ・ハクスリーが手書きで書き込んだページを見つめる目に涙があふれてしまった（この文章を書いている今も思い出して涙が止まらない！）。その書き込みは、一八四九年に若くて美しい婚約者が将来の夫となるトマス・ヘンリー・ハクスリーに贈った本の献詞の言葉から始まり、その六〇年後、一族の長として孫のジュリアン・ハクスリーに贈る言葉で終わっている。その、世代を超えた愛の言葉には、人間のまぎれもなき美しさがこもっており、悲哀に取り巻かれたこの世にあって、（威厳と品位ある）連続性の素晴らしい象徴にほかならない。私はこの、金銭に換えられない珠玉のような人間の美点を見つけ出して世に知らしめたことを誇りに思っている。

第二の基準では、多くはこれまで（完全に無視されていたか、困惑を隠しきれないおざなりな脚注程度で）分析がまったく加えられていなかった素材に関する新しい解釈に達している。たとえば、E・レイ・ランケスターはなぜカール・マルクスの葬儀に唯一の生粋英国人として参列していたのかという、進化学史において私が常に気に留めてきた謎（6章）がそれだ。ほかには、聖書と地質学を突飛ではあるが妙に説得力のあるしかたで一致させようとした無名の著者イザベル・ダンカンに対する初めての現代的注釈（7章）もそれにあたる。ダンカンの著書にそえられた図版は、初期に描かれた「古代の光景」としてつとに有名だったにもかかわらず、誰もその意味を説き明かそうとはしていなかったのだ。新たに発見されたジークムント・フロイトの未発表論文で、特異な主張を正当化するために使われているラマルク流の理論と生物発生反復説を生物学的に正すことで、そのフロイト論文を初めて分析したエッセイ（8章）もこのカテゴリーに入る。ブルーメンバッハが、ほぼ普遍的に適用されることになった人種の分類体系を考案するために小手先を労した第五の人種（マレイ人種）の追加は、順位づけを伴わない地理的な分類から、コーカソイドという最も美しい人種から左右対称にずれていく順位づけを導入することになり、人種分類の形を根本的に変えた変更だったという解釈（26章）もそうだ。一地域から得られた化石を初めて一冊の書物にまとめたボーアンの一五九八年の研究書に関する分析を初めて公表したエッセイ（10章）では、経験的な対象物を、それらの起源とその意味に関するきちんとした理論がないままに分類しようとした場合に陥らざるを得ない典型的な誤りを紹介したものだ。

まったく異質な（時間的にも、気質的にも、信念上も）二人の人物や、見たところ種類を異にする二つの出来事を、何らかの深い共通性を元に結びつけると、奇妙な縁を超越した一般性に関するみごとな洞察が得られる場合が多々ある。そんな私の信念を開陳しているのが、第三のカテゴリーである。かくしてチャーチとダーウィンとフンボルトが一八五九年に集合して最後の栄誉を飾ることになる（5章）。一七世紀に出版された有名な薬種書の前書きにさりげなく登場する反ユダヤ主義の仰天させられるような表現が、じつは、昔の思考法や、化石に関するほとんど知られていない分類法、武器による切り傷用の有名な軟膏と関連しているという話（9章）もそうだ。フラカストロが梅毒を命名し詳述するために一五三〇年に創作したラテン語の詩は、つい最近なされた、件の病気を引き起こす病原菌ゲノム解読と深いところで通底している（11章）。一九八六年のワールドシリーズにおけるビル・バックナーの股間は、ジム・ボウイがアラモ砦《とりで》でしたためた手紙と、表面的にはわからないところで深く関係している（3章）。いずれの逸話も、歴史上の物語を語る際に、予測どおりの方向に歪められるという普遍的な傾向に収束しているからだ。天文学者が星の歴史について論じる際に使う〝進化〟という単語と、生物学者が生物の系統の歴史を物語る際に使う〝進化〟という単語は、使い方も意味もまったく異なっている。ところがそのことが、科学における根本的に異なる二種類の説明様式をみごとに明示している（18章）。

第四の、いちばん勝手なカテゴリーは、まったく個人的な（しかもときには深い）関わり方が、異質な（もしかしたら突飛な）テーマを提供することで、ありきたりな対象に対する態度が変わったり、昔からの問題に斬新な洞察を得ることにつながったりするという場合にあたる。たとえば、一〇歳にしてギルバートとサリヴァンのオペレッタに特異な愛情を抱いた（すべての歌詞をスポンジのように吸収して永遠に記憶に刻み込んだ）私は、五〇歳にして、素晴らしさの一般特性に関して特異な議論を展開することになった（4章）。あるいは私は、ナボコフと彼が研究した蝶に関して、学識ある文芸評論家たちが誤解した理由は、この文豪のもう一つの（元々の）専門である動物分類学の規則と文化を知らなかったことにあると論じることができた（2章）。二〇世紀後半の大リーガーとアラモ砦で危篤の床にあった英雄というありえない関係は、どう見ても異質なものの背後に潜む抽象概念に関する重要な原理を浮かび上がらせる。しかもこれは、プロ野球と歴史両方に愛情を注ぐ熱烈なアマチュア（これぞ純粋な愛の形）でなくしては、そもそものような結びつきなど思いつきもしない発見なのだ（3章）。そして最後に控えるのがT・H・ハクスリーの気丈な奥さん。聖火を祖母から二世代下の孫ジュリアンに受け渡す言葉は、当時一四歳だったわが祖父が、不安と期待の中で最初に書きつけた言葉と共鳴している。ヨーロッパを出航した船から降りてエリス島に上陸し、整列させられた時点では、その言葉が、一族の中で最初に生まれた孫である私にまで二世代を隔てて届くとは、思いもおよばなかったはずだ。これは、これ以上ないほど個人的な物語ではある。しかし、完全に一般的な話としては、連続性という完全無欠性を保証する上で進化的、歴史的に最も重要な原理を想起させる物語でもある（私の〝コンニチハ、サヨウナラ〟にあたる1章）。

そしていよいよ最後、これを言わずしては終われないことを書きたい。自分が三〇〇篇のエッセイ（文字どおり〝試行〟であり〝挑戦〟だった）に声を見つけ多くを学んだとしたら、三通りのなくてはならない貢献のしかたで意思の力と協力作用を提供してくれた多くの読者に、どう表現しても誇張にはならない恩義がある。そのおかげで、知的行為の中でも最も孤独な作業（たった一人で書くこと）が本当の意味での共同作業になった。私の言う三通りの貢献のしかたのうちの一つとは、過去の黄金時代に対する現代人の冷笑と俗信に反して、〝知的な素人〟と称される抽象的存在が実在することを教えてくれたことである。生涯学習に勤しむ何百万人もの人々がいるのだ（生きるとは学び続けられる能力と定義することもできるのではないか）。アメリカでは少数派かもしれないが、それでも人口三億の国で相当な勢力を形成している。

二つ目の貢献のしかたは、連帯感をもらえた歓びである。作品の出来について著者がいくら満足しようとも、たちどころに抹消されて失意の沼に捨てられるとしたら空しいことだ。しかし、そんなことにはならず、歯科医院の待合室に並べられ、ボストン・ワシントン域内の主要都市を結ぶシャトル便の雑誌閲覧棚を飾り、たくさんのアメリカ家庭の洗面所の本棚（ときには便器そのものの上）という栄誉ある一角を占めているという確信を得ることができた。

三つ目の貢献は、実質的な交流という意味ではいちばんありがたいものだ。二つのエッセイ（1章と7章）でも触れているように、読者のおかげで、自分の調査では解明できなかった謎を解けたことがあった。恥ずかしながら私は、何度となく、読者にひたすら助けを乞うた。そしてそのたびごとに、その甲斐があった。しかも、掛け値なしの超特急で（eメールまでは必要としない時間尺度では十分に早く）。書名にもなっている1章は、読者の貢献なくしては書けなかった一篇である。その一事が証明しているように、私にとって個人的あるいは知的探求心の上で意味のある情報が、こちらから要求もしないのに寄せられることもあった。ただただ感涙にむせぶのみである。

小国が乱立して互いに反目し合い、潮目が変わるように忠誠心が変転しては渦を巻いていたかつてのヨーロッパでは、学者たちはみな、学問の成果が政治、軍事、民族のあらゆる垣根を越えて自由にやりとりされる〝学問の共和国〟を仮想していた（ラテン語を〝共通言語〟にすることで実践もしていた）。そのような学問の共和国は、その後もしっかりと引き継がれており、私もその一員として気高く渾然一体《こんぜんいったい》として参加させてもらっていることを、私は実感している。以上の理由から、私は読者のみなさん全員を、個別にも集合的にも愛すると同時に賞賛している。そういうわけで、連作エッセイ集の最後を飾る本書を、「わが読者のみなさま」に捧げたい。

第一部　連続の中断

1章　ぼくは上陸している

誇大妄想気味で実効を伴わない少年だった私は、夜中にベッドの中で無限と永遠の謎に思い悩むことしばしばで、理解力のない自分に（少年ゆえに未熟ではあるが強烈な思いを込めて）愕然としたものだ。時間はどのようにして始まったのか。かりに神が、ある瞬間に物質を創造したのだとしたら、神を造ったのは誰なのか。霊魂は不滅だという考えは、始まりの瞬間もないままに物質が時間的に連続していることと同様に、理解しがたいことだった。空間はいったいどうやって終わるのか。勇敢な宇宙飛行士たちが宇宙の果ての壁に遭遇したとしても、その壁の向こうには何があるのか。その壁が無限に続くなんてことは、どこまでも存在する星や銀河と同じくらいわけのわからないことだった。

そんな素朴な問いをこの歳で擁護するつもりはないが、かといって今の自分が、遠い昔の少年時代の妄想から一歩でも解決に近づいたかといえば、そんなことはない。他の誰かがその謎をみごと解決したという話も聞かない。したがって、負け惜しみというわけではないのだが、私の中の哲学的側面から見て、人間の進化した脳をもってしても、そうした疑問を解答可能なかたちで提起する手段まではそなえていないのではないかという気がする（そうした究極の疑問を抱くことはやめないだろうし、やめるべきではないし、やめられるはずもないのだが）。

ただ、大人になった私は、じつは、『オズの魔法使い』の主人公ドロシーの感慨に全面的に同意するようになった。たしかに、永遠の謎や無限の場所に思いを馳せつつも（死の影に怯えることは言うまでもない）、肉体が確実に実感できるものとの接触を切望するようなとき、オズの魔法の国から帰還したドロシー同様、家がいちばんと、つい思ってしまうのだ。地球というわが家は、ものを測る尺度としては小さめではあるが、それでも十分に大きい。その中にあって、純粋にすごいという感慨に浸れるもの、比喩的な意味での奇跡と言えそうな人生の局面なのに、たいていの人は考えてみたこともないものがある。私に言わせればそれは、これぞわれわれが無限や永遠に投影する精神的畏怖《いふ》にも匹敵するものなのに、概念として理解しがたい上に、経験的にも把握しがたい類のものである。エッ・ハイイム、すなわち、三五億年前に登場して以来、一瞬たりとも途絶えたことのない生命樹がそれである。

それほどまでの継続は、ふつうの確率で考えるとおよそ不可能であることがわかる。今を去る三五億年前、プラスの価値をそなえた何らかの現象が開始されたとして、その存在を調節する過程が継起されたとしてみよう。ゼロを示す線は、現在の数値よりも下に位置している。その現象がゼロになる確率は、ほとんど計算できないくらい低いかもしれない。しかし、その過程の命運を左右するサイコロを何十億回と振っているうちに、その現象は最終的にはゼロになるはずである。

たいていの過程では、そのような不可能な一線を越える見込みが決定的なダメージになることはない。起こりそうにない衝突（たとえば、体調万全な状態のホームラン王マーク・マクガイアが一本のホームランも打たない年）はすみやかに逆転され、ゼロよりもずっと上という定位置に復帰するはずなのである。しかし、生命は肝心なところで脆弱な別種のシステムであり、系列が一度途切れてしまったなら、それで終わりである。生命にとって、ゼロの線は一巻の終わりを意味しており、一時的な不調ではない。生命が、三五億年におよぶその歴史の中で一瞬でもその一線に触れていたとしたら、現在の地球には、われわれ人類も、一〇〇万種におよぶ甲虫も、存在していなかったはずである。おぞましきゼロに一瞬でも抵触しただけでも、それ以後に出現するはずだったすべての生命の運命が潰えるのだ。

これほどまでの連続性を維持するために必要とされる状況がいかにすさまじく、しかもいかに複雑であるかを考えてみよう。なにしろ、たくさんの構成要素のそれぞれについて、ただ一つの例外も、何かを大目に見ることも許されないのだ。私が根っからの合理主義者であるにしても、この自然界で真に「畏怖」の対象として値するものがあるとしたら、私は躊躇《ちゅうちょ》することなく、三五億年におよぶ生命樹の連鎖をあげる。地球はこれまで、過酷な氷河時代を何度も経験してきた。

しかし、完全に氷結したことは一日たりともない。生命は地球規模の大量絶滅によって何度も激減してきたが、ゼロの線を越えることはたとえ一〇〇〇分の一秒たりともなかった。その間もずっとDNAは活動を続け、一時間だけ休憩しようとか、成長を続ける生命樹から枯れて落ちた何十億もの絶滅種のことを思い出すために一瞬だけ休むということもなかった。

人間を「万物の尺度」として定義した古代ギリシアの哲学者プロタゴラスは、人間至上主義の拡張と人間がもつ狭小な限界というあからさまに対立する解釈を暗に対比させることで、人間の感情と知性の曖昧《あいまい》さをみごとに凝縮させた。永遠と無限という概念は、人間の思考力、理解力の大本となっている肉体という基準の縛りからは、およそ縁遠い存在である。しかし生命の連鎖は、すこぶる魅惑的なものの究極である。肉体のサイズや地球の年齢という基準では十分に把握できるほど短い一方で、最大限の畏怖をもたらすほどには膨大なのだ。

しかもこの勝手知ったる最大の尺度は、生命樹という大宇宙《マクロコスモス》と家族の家系図という小宇宙《ミクロコスモス》とを対比させることで、われわれの理解力の範囲内に持ち込める。進化論に親近感を覚えるのは、多くの人を自分の血脈探査に駆り立てる感情や魅力と共通する心情から来ているにちがいない。人は、祖先から連綿と続く家系図を見てなぜ思わず涙するのか、そこに正統性、定義、同族性、意味づけといった確かな価値をなぜ見出すのか。私にはその理由がわかるなどとは、とてもではないが言えない。私としてはただ、自分たち自身が何か大きなものに包まれていると感じたときにこみ上げてくる感情の力を、ひたすら受け入れるのみである。

そう考えると、数ある科学的なテーマの中でも進化論が常に人気を誇ってきた大きな理由がわかるような気がする。進化論というテーマがもつ純粋に知的な魅力に、それよりももっと強い感情的な親近感が合わさることで、魅力が倍増するにちがいない。その親近感がどこから生じるかといえば、家系図について思いを馳せることから得られる帰属意識と、人類は生命樹という大木の細い小枝にすぎないことを納得する感情との正しい比較だろう。その意味で進化論とは、まさに「ルーツ」なのだ。

《ナチュラル・ヒストリー》誌に三〇〇回にわたって一回の休みもなく連載してきたエッセイシリーズを閉じるにあたり、連続性に関する二つの小宇宙の物語を紹介したい。それは、「かくのごとき生命観」[*1]の知的および感情的な核であり、まったく途切れることなく続く進化の大テーマのアナロジーないしメタファーである。私が語る物語は、ダーウィニズムの礎石を築いた世代の指導者に関する話から私の祖父の物語へと、スケールも重要性も低下する。私の祖父はハンガリーからの移民で、ニューヨークの下着職人として無一文から身を起こし、生活に困らないだけの財力を築いた。

＊1　本エッセイは、「かくのごとき生命観」という連載タイトルで、一九七四年一月から二〇〇一年一月まで月刊誌《ナチュラル・ヒストリー》に一回の休載もなく連載三〇〇回を数えたシリーズの取りを飾った。この連載タイトルは、ダーウィンの『種の起源』の最後の段落に登場する、「この生命観には荘厳さがある

……」という詩的表現から採ったものである。

米国の兵役は、今や、海兵隊は「若干名の精鋭」を確保するため、あるいは「陸軍に入隊すれば活かせる」素質を活かし切れていない人材を勧誘するために甘言を弄《ろう》している。海軍の方はニュアンスに若干のちがいがあり、内面の成長よりも外への拡大を強調している。曰《いわ》く、「海軍に入って世界を見よう」

宣伝文句よりも現実の世界の方が勝っていた古《いにしえ》の時代にあっては、このモットーが、成長と興奮をもたらす体験に若者を駆り立てた。特に財産のないナチュラリストの卵は、船医として、あるいは単なる雑用係や皿洗いとして契約することで、海軍の科学的な調査航海に参加できた。かのダーウィンは、主に南アメリカを舞台に一八三一年から一八三六年におよんだビーグル号の航海で独り立ちを果たした。ただし、少なくとも乗船した当初のダーウィンの身分はあくまでも艦長の話し相手をする紳士であり、艦の公式のナチュラリストではなかった。ダーウィンと同じような情熱の持ち主でありながら財産に恵まれていなかったトマス・ヘンリー・ハクスリーは、一回りほど年上の心の師を見習い（ダーウィンは一八〇九年生まれであるのに対し、ハクスリーは一八二五年生まれだった）、やはり世界周航の航海に出る英国海軍軍艦ラトルスネーク号の見習い船医となる決心をした。ただしこちらの船は、主にオーストラリアが中心で、その航海は一八四六年から一八五〇年におよんだ。

ハクスリーのその武者修行時代は、クラゲに関するお定まりの詳細な研究と、オーストラリアや南太平洋先住民との冒険的な出会いに明け暮れた。しかしハクスリーがダーウィンを出し抜いたことが一つあった。生涯にわたる幸せを手に入れたのだ。オーストラリアで未来の伴侶と出会ったのである。ヘンリエッタ・アン・ヒーソーンという名の、辺境のかの地では実入りのよい醸造業者の娘だった。若きハル君は、彼女をネティーと呼んだ。二人はダンスパーティーで出会った。ハルはネティーの絹のような髪を愛し、ネティーはハルの黒い目について、「まるで燃えるように見えるときにはただならないほど輝く。あの人の物腰はとてもステキ」と日記に書いた。

ハクスリーは、一八四九年二月に妹に出した手紙に、「これほど気だてのよい子に会ったのは初めて。とても献身的で性格がいいんだ」と書いている。ネティーの唯一心もとない点は、「ぼくのような、何も保証されていない上昇志向の男にすべてを委《ゆだ》ね」てしまう純真さだと、ハクスリーは書いている。ネティーはハルがオーストラリアを離れた一八五〇年から五年間も待つことになった。念願の英国行きの船に乗船してロンドンに到着したネティーは、イケてる外科医で猛烈に売り出し中の科学者と晴れて結ばれ、このすこぶる才能あふれる男と、ヴィクトリア朝の基準から見てものすごく幸福な結婚生活を送った（七人の子どものうちの六人が前途有望な成人に達したのだ。当時にあってこの生存率は、エリート階級のあいだでも異常に高い）。晩年を迎えたハルとネティーは（ハルは一八九五年、ネティーは一九一四年に亡くなった）、二人いっしょの人生を振り返り、ピーター・ポール&マリーの名曲「ワインより甘いキス」よろしく、「たくさんの子どもに恵まれ、いろいろ苦労もあったけど、こういう人生ならやり直してもいいな」と口ずさんだのではないだろうか。

血気盛んで知的好奇心旺盛なハクスリーは、ドイツ語を習得していたが、長くて退屈な船上生活を送るあいだにイタリア語も覚えることにした（主にニューギニア周辺で過ごした一年間の辛い航海中にダンテの『神曲』を原典で読破した）。そこでネティーは、一八四九年四月に、自分を残して出航しようとしていたハクスリーに（彼は一八五〇年にいったんシドニーに寄港したのだが、前述したように、ネティーが許嫁《いいなずけ》を追って地球半周の航海に出るのはその五年後のことだった）、思い出の品になると同時に語学習得の役に立つ贈り物をすることにした。ルネサンスの偉大な詩人トルクァート・タッソの『解放されたエルサレム』全五巻（もちろんイタリア語）である（この叙事詩は一〇九九年の第一次十字軍のエルサレム征服を中心に歌ったもので、現在の基準で言えば政治的に不適切かもしれない。しかしタッソが歌い上げている物語は、今もって迫力満点である）。

ネティーは、異母姉のオリアナとその夫ウィリアム・ファニングといっしょにその品をハルに贈った。そしてその第一巻に若々しい筆跡で「T・H・ハクスリーへ　三人の友を忘れないためと誕生日の贈り物として　一八四九年五月四日」と書き込んだ。じつはここからが、この物語の要点になる。私には知りたくとも突き止められない理由により、その書籍一式が手ごろな価格で最近のオークションにかけられたのだ（私にとってはまことにラッキー。昨今ではタッソはビッ

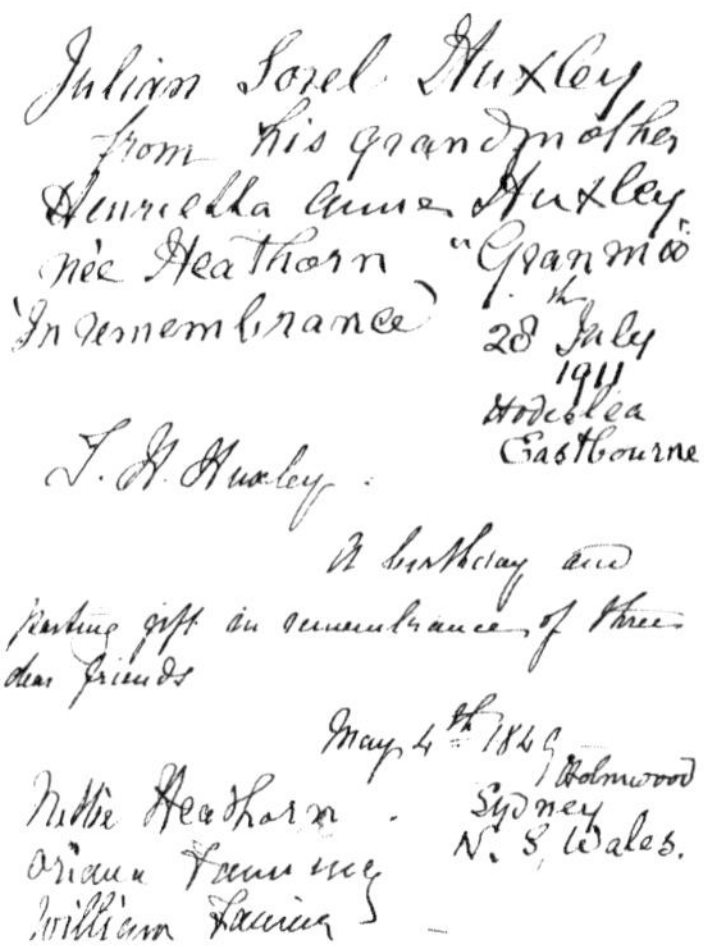

ヘンリエッタ・ヒーソーンが最初は婚約者のトマス・ハクスリー、そしてその60年後に孫息子のジュリアン・ハクスリーに贈った本に書き込んだ献辞

グネームではないし、その出所来歴を記したカタログの記述は人々の目を引かなかったのだろう）。

そういうわけでネティー・ヒーソーンは英国にやって来て愛しのハルと結婚し、大家族を育て、長生きをして二〇世紀まで生きた。彼女は秀でた子どもたちに恵まれただけでなく、晩年にはさらに秀逸な二人の孫まで授かった。作家のオルダス・ハクスリーと生物学者のジュリアン・ハクスリーである。タッソの詩全五巻をハルに贈ってから六〇年以上を経た一九一一年、ネティー・ヒーソーンことヘンリエッタ・アン・ハクスリーは、長らく書棚にあったその本を取り出し、一族の輝かしい知的伝統をやがて受け継ぐべき孫のジュリアンに、お祖母ちゃん《グランムー》からの贈り物として与えた。そのとき、もともとの書き込みの下に、今度は老女のちょっと震えてはいるがしっかりとした筆跡で、「ホルムウッド、シドニー、ニューサウスウェールズ、ネティー・ヒーソーン　オリアナ・ファニング　ウィリアム・ファニング」という、最初に書いておくべきだった名前と場所を書き込んだ。

そして、六〇年前の若い盛りに書き込んだ文字の上に、余計な説明などなくても生命の連鎖を如実に物語る簡素な言葉を書き込んだ。「ジュリアン・ソーレル・ハクスリーへ　〝お祖母ちゃん〟のヘンリエッタ・アン・ハクスリー旧姓ヒーソーンより」と。そして、半世紀以上前にハルに贈ったのと同じ言葉で、連続性という聖なるテーマを強調した。「思い出のために　一九一一年七月二八日　ホデスリー、イーストボーン」

この逸話は、一人の偉大な女性がおきゃんな花嫁時代からおっとりしたお祖母ちゃんになるまで見届けた三世代の物語を凝縮している。これは家系の連続性を象徴する最高のヒューマンドラマではなかろうか。悲しみと喜びが渦巻く世の中を生き抜く糧《かて》となる、これ以上の愛や美がはたしてあるだろうか。多くの男どもは、本人はすごいと思っているが、後世の人から見れば屑《くず》と見られかねない理想のために走りがちである。それに引き換え女性たちは、遺産をしっかりと育む。そんな女性たちに感謝しよう。

私の母方の祖父母で、グラミーとパパ・ジョーと呼ばれていたローゼンバーグ夫妻ことイレーヌとジョーゼフは、自分たちが選び取った言語である英語の文章を読むのが好きだった。祖父にいたっては、アメリカの生活によりいっそうなじむためにハーヴァード・クラシックス全集（西

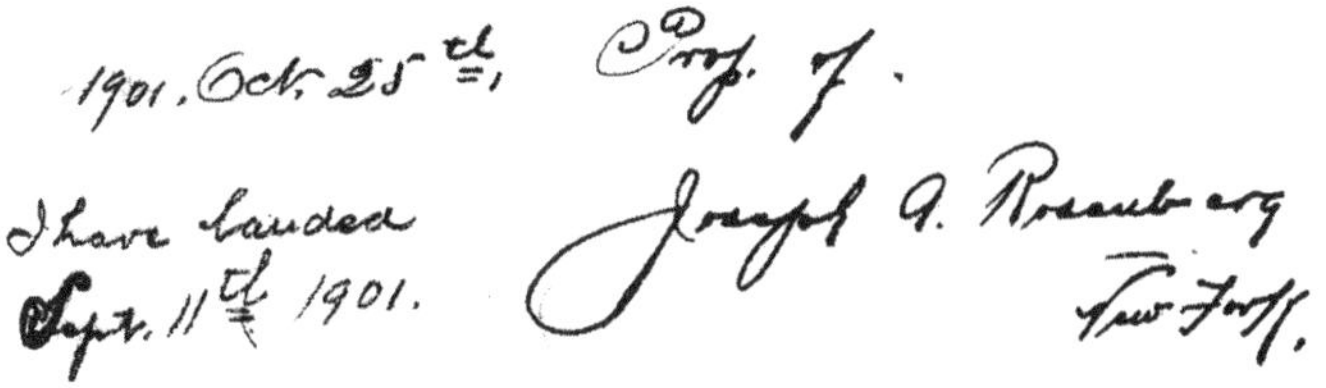
1901. Oct. 25th, Prof. J.
I have landed Sept. 11th 1901.
Joseph A. Rosenberg
New York.

私の祖父が13歳の移民の少年としてアメリカに到着した直後に買った英語の文法書のタイトルページに書き込んだ言葉

洋の知恵を集成した「五フィートの本棚」分の古典全集）まで買っていた。私がパパ・ジョーの蔵書から受け継いだ本は二冊だけだが、いずれも私にとってはこの上なく貴重な本である。最初の一冊には、書店のスタンプが押してある。「キャロル書店　古書、稀《き》覯《こう》本、珍本　ニューヨーク、ブルックリン、フルトン&パール通り」というものだ。おそらく祖父は、同郷人からその本を購入したものと思われる。というのも、書き込まれた名前が消されたページが三ページあって、ハンガリー人の名前にはよくある「イムレ」という文字が読み取れるからだ。それは一八九二年に出版されたJ・M・グリーンウッド著『英語文法の学習』で、その一ページ目に、祖父はいかにもヨーロッパ人といった筆跡で、「ニューヨーク　ジョーゼフ・A・ローゼンバーグ所有」とインクで書き込んでいる。そしてその脇には鉛筆で、「一九〇一年一〇月二五日」という、それを手に入れたとおぼしき日付を書き込んでいる。さらにその下にはやはり鉛筆で、その境遇を知ればこれ以上にないほど雄弁な書きつけがなされている。いや、過去の明確な時点に完了した出来事を記すのに単なる過去形ではなく現在完了を使っているといった指摘はこの際関係ない（わずか一カ月か二カ月前に

私の知っている、グラミーとパパ・ジョーの写真(1950年代前半)

ニューヨークに上陸したばかりの弱冠一四歳の若者にしては悪くないじゃないか)。曰く、「ぼくは上陸している。一九〇一年九月一一日」

本エッセイの連載を終えるにあたっていちばん残念なのは、読者との絆を失うことである。連載を始めた当初は、情報を集めたいという実際的な欲求というよりは読者との絆を深めるためのレトリックとして、本筋とは関係ないところで提起したまま自分では解決できずに終わった謎を、読者に問いかけるということをよくした(私は根っから細部にこだわる人間である。宙ぶらりん状態の些《さ》細《さい》な事実ほど、いらつかされるものはない。正直言ってそれは、気持ちが悪いということもあるが、オークの大木も最初はちっぽけなドングリであり、どのドングリが天まで届くかあらかじめ予想できはしないからだ)。

連載が続くうちに、投げかけた謎には必ずやたくさんのおもしろい答が返ってくるだけでなく、その中には期待どおりの正解が含まれているとの確信が深まっていった。願望ではなく、確実な成功がもたらされるという喜びとなったのだ。セグエというイタリア語は、クラシック音楽界の専門用語から、いかにして「つづく」と同義の日常語になったのか（これへの解答は、初期のラジオ業界で働いていた何人かから寄せられた。一九二〇年代のこと、もともとは音楽畑出身の彼らが、ラジオのディスクジョッキーとかラジオドラマのプロデューサーという職についたときに、この音楽用語を転用したというのだ）。一七世紀の博物画を描いた製版技師たちは、なぜいつも巻き貝の殻を逆向きに描けなかったのか（逆向きに描けば、紙に印刷した際に正常な巻きになるはずなのに）。文字は逆向きに彫ることで、印刷した際に正しく読めるようになることは十分に心得ていたはずなのに、巻き貝だけは逆向きなのだ。『ブリタニカ百科事典』や人名辞典に一行の記載もない、ヴィクトリア朝に活躍していたメアリー・ロバーツ、イザベル・ダンカンほか幾人もの「透明人間」の女性サイエンスライターたちは誰なのか（このちょっとした謎の答は7章を参照）。

そういうわけで、以前のエッセイで祖父の書きつけを話のついでに披露し、それに対して数ある読者からの手紙の中でも最高の手紙を受け取ったときには、うれし泣きこそすれ、必ずしも不意打ちを食らったというわけではなかった。

あなたの本の長年の愛読者として、いつも読書の喜びと知的刺激をいただくことに心から感謝しています。しかし今回は、私のほうがあなたのエッセイにささやかなお返しをする番です。今週、答が見つかったのです。私は系図研究家で、特に乗船名簿の分析が専門です。先週の日曜日、私は、あなたのお祖父さんジョーゼフ・A・ローゼンバーグが「ぼくは上陸している　一九〇一年九月一一日」と書いていると言及しているエッセイを読み返しました。そのときふと、あなたのお祖父さんが乗船していた船の乗船名簿にその名前があることを、あなたも確かめてみたいのではないかと思いました。

パパ・ジョーがエリス島に着いた船の乗船名簿を見つけられる可能性があることはわかっていた。「いつか」捜したいと思っていたことも、確かである。しかし、「汝自身を知れ」というソクラテスの格言に照らせば、読者からのこのありがたい情報提供がないまま時が過ぎていたとしても、私が自分で乗船名簿捜しをする時間をつくって実行することなど、金輪際なかったはずである（パパ・ジョーの書き込みを紹介したのは、確かな情報を「釣り上げる」ためという下心があったわけではない。したがって、答を教えてくれた手紙を受け取ったときは、心底うれしかった。無償の厚意による貴重な贈り物を、このようなかたちで手にするとは予想もしていなかったのだ）。

祖父はその母親と二人の妹を引き連れ、蒸気船ケンジントン号でやって来た。それはアメリカ汽船の船で、一八九四年に進水し、一九一〇年に廃船になった。一等船室の定員は六〇名、三等船室は一〇〇〇名以上という定員だった。この数字は、ヨーロッパからの移民が奨励されていた

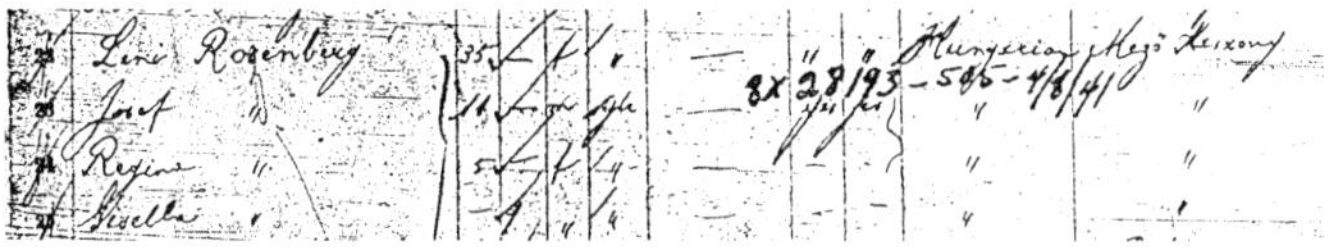

1901年9月11日にアメリカに到着した祖父が乗っていた船の乗船名簿の一部。祖父ジョーゼフ・ローゼンバーグは、母親レニと二人の妹たち（私の大叔母のガスとレジーナ）といっしょに記載されている

時代の船旅のコストを象徴している。当時はアメリカ経済が上向きで、その基盤産業である手工業の工場が、安い労働力をほしがっていた。ケンジントン号は一九〇一年八月三一日にベルギーのアントワープ港を出航し、いみじくもパパ・ジョーが記しているように、九月一一日にニューヨークに到着した。「外国人移民の乗客リスト」には、ユダヤ人もしくはカトリック教徒とおぼしき三〇名の名前がある。出身国は、ハンガリー、ロシア、ルーマニア、クロアチアなどである。パパ・ジョーの母レニは、読み書きのできない三五歳として二二行目に名前があり、そのすぐ下に三人の子どもの名前もある。私の祖父は、読み書きのできる一四歳のジョーゼフとして、私の大叔母であるレジーナとガスはそれぞれ五歳と九カ月のレジーヌとギゼラ（これまで本名は知らなかった）として出ている。レニは、六ドル五〇セントの所持金で新生活をスタートさせた。

　私の曾祖父にあたるファルカシュ・ローゼンバーグ（ファルカシュという名前はハンガリー語で「ウルフ」すなわちオオカミという意味）が家族よりも一足先に渡航していたとは、ついぞ知らなかった。乗船名簿には、一行の身元保証人として「東六丁目六四四番地　ウルフ・ローゼンバーグ」とある。ファルカシュが亡くなったのは私が三歳のときなので記憶にはない。しかし、いかなる理由があったかは知らないが、曾祖父が異文化の地になんとか溶け込もうとして、アメリカ人には奇異に聞こえる名前を英訳して名乗っていたという些細な情報は胸に響くものがある。曾祖父は後に再び名前をファルカシュに戻したため、彼が一時的にウルフと名乗っていたことなど、私の家族は誰も知らなかった。

私に情報を寄せてくれた親切でマメな読者は、ファルカシュの乗船名簿まで見つけ出して贈ってくれた。ファルカシュは、三等船室の八〇〇人の乗客といっしょに蒸気船サウスワーク号に乗り込み、一九〇〇年六月一三日に到着していた。乗船名簿には、読み書きのできない三四歳のファルカシュ・ローゼンバーグとある（しかし、少なくともヘブライ語は読めたし、書くこともできたらしい）。その身元保証人は、従兄のジョス・ワイスとなっている（私の家族の知らない名前なので、おそらくでっち上げだろう）。大工だったファルカシュの手持ち金は、わずか一ドルだったようだ。

パパ・ジョーがその後たどった人生は、諸手をあげて歓迎されることはないものの、個人の才覚を発揮してひたすら働けば成功の可能性もなくはない偉大な国に移住した何百万人もの移民のそれと大差なかった。その時代にあって、それ以上を望める者などいなかったはずだし、望むべくもなかったのだ。パパ・ジョーは、アメリカで教育を受けることはないまま、経験に学び、向上心にかけた。若い頃は、しばらくピッツバーグの製鋼所や中西部のどこかの牧場で働いたこともあった（私が当初予想したあこがれのカウボーイではなく、事務所の会計係だったことが後に

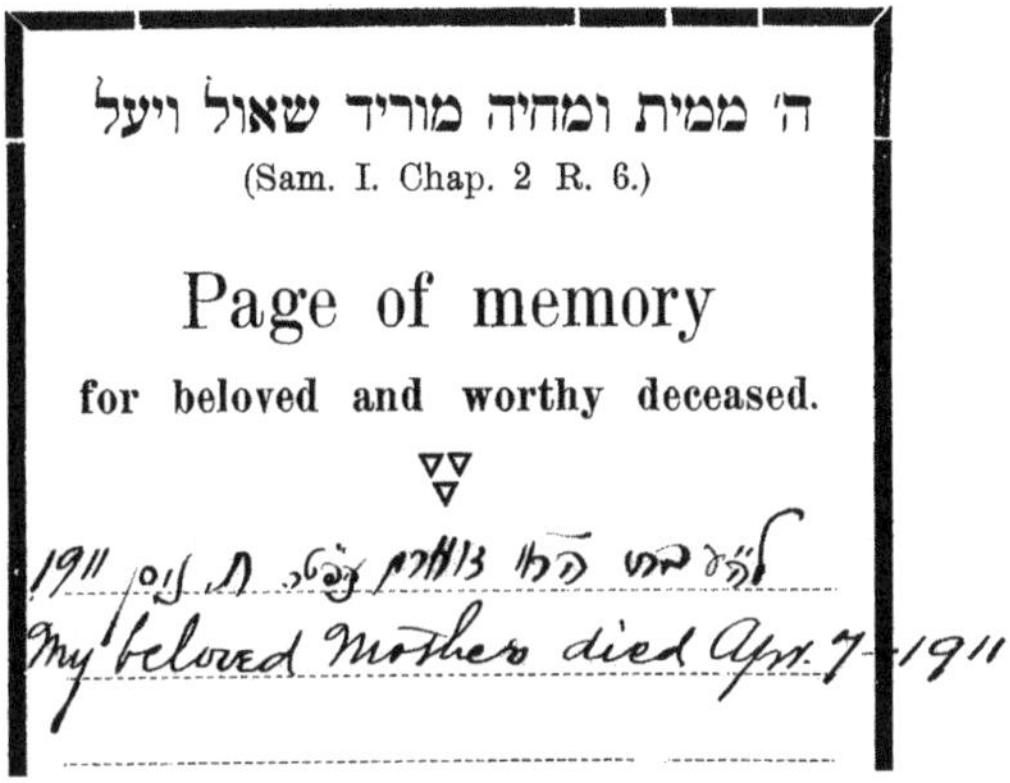
ה' ממית ומחיה מוריד שאול ויעל

(Sam. I. Chap. 2 R. 6.)

Page of memory

for beloved and worthy deceased.

1911

My beloved Mother died Apr. 7-1911

1911年の母親の死を記録した、パパ・ジョーの祈禱書

わかった）。祖父の母親レニは、私が祖父から受け継いだもう一冊の本が証言しているように、若くして亡くなった（私の母エレノアには、祖母については名前以外の思い出はない）。パパ・ジョーは、ユダヤ人移民の多くの例にならい、最終的にはニューヨーク市の婦人呉服街に落ち着いた。そこで祖父は、布裁断機で中指を切断するという事故にあいつつも、まったくの独学ながら、天賦の美的才能を遺憾なく発揮し、成功して中流階級へと昇った。孫の男の子たちの妄想を駆り立てる職業であるブラジャーとコルセットのデザイナーとして身を立てたのだ。

　祖父は、やはり衣料関係で働いていたイレーヌと下宿で知り合った。イレーヌは父親と仲たがいし、一四歳だった一九一〇年に叔母を頼って移民していた。その叔母さんが、祖父の下宿の大家だったのだ。これはあくまでも客観的な記録であり、それ以上のものではない（人の人生や情熱、まぎれもなき忍耐に関して、

それが誰であっても少なくとも原理的には、主観のレベルまで踏み込むことはできない）。祖母イレーヌとパパ・ジョーは若くして結婚した。結婚直後に撮影された唯一のツーショットからは、未来への期待と不安が読み取れる。二人は三人の息子と一人の娘に恵まれたが、未だに健在なのは私の母だけである。子どものうちの二人は大学を卒業した。

　私がその筆頭を務める第三世代は、高等教育を受けて専門職に就くことで、一世紀遅れの夢を実現する定めにある。誰かが圧力をかけたわけではないが、私は常にそのことを自覚していた（私の祖母はハンガリー語とイディッシュ語とドイツ語と英語を話せたが、英語は発音どおりにしか書けなかった。祖母が書いた買い物リストを私がうっかり見てしまい、祖母は正しく綴れないことを私が知ったときの祖母の困惑ぶりが忘れられない。それと同時に、祖母がすごい記憶力を発揮し、国籍取得のための勉強をした際に覚えたことを頼りに、イディッシュ語放送のラジオ番組のクイズで一〇ドルを獲得したときのうれしそうな様子も忘れられない。いちばん太っていた大統領は誰かというクイズにウィリアム・ハワード・タフトと答えて正解したのだ）。

　私は、グラミーのこともパパ・ジョーのこともそれぞれ好きだった。二人の世界にとって、離婚など夢にも思わないことだった（文化的な広い背景では容認されてはいたが）。ハル・ハクスリーとネティー・ハクスリーの場合とは違い、二人が同じ人生をやり直してもいいと思っていたかどうかは定かではない。しかし二人はぴったりと寄り添い、家庭円満だった。少なくともけんかもせず、尊敬しあい、寛大で、おそらくは慈しみあっていたと思う。かりにそうではなかったとしたら、私は存在していなかったはずである。進化の連続性の中でも家系図というこの特別な系統樹に、私がことさら深い思い入れを抱くのもこうした理由による。私はとにかく祖父母が大好きで、祖父母が授けてくれる慈しみと一貫した支援に心から甘えていた（もっとも、私の行ないが祖父母の気持ちに値するほど常に立派だったかといえばそんなことはない。たとえば、私がハーヴィに石を投げつけたのは事実であり、祖母はそのことを確信していながらも、文句を言いに乗り込んできたハーヴィの父親に対して、うちのスティーヴルは絶対にそんなことはしませんと言いながらイディッシュ語の罵詈《ばり》雑言《ぞうごん》を投げつけてから相手の面前でわが家の玄関ドアをばたんと閉めたのだ）。

すべての生命の系統樹や家系図には共通した特徴がある。形状がそうだし、ほんのわずかな断絶すらあってはいけない連続性を維持しつつ、たとえすぐには活用されないにしろ未来永劫保存されるべき潜在能力を瞬時に変化させるという、相容れそうにない二つのテーマを混在させることで存続してきたという成功の秘訣である。こんな特徴は、おそろしく複雑な世界にあっては（たとえ永続無限なものであるとはいえ）些細でゴミみたいなものに思えるかもしれない。しかしこの複雑性はすさまじい耐久性を発揮する（それと、そうした連続性を促進する可変性も）。威容を誇る古代エジプト王の巨像も、たちまちのうちに砂漠の中の廃墟と化す。それに引き換えバクテリアは、雨にも負けず風にも負けず、三五億年にわたって存続してきたし、この先も存続するだろう。

私はこうした生命観、家系の継続を壮大なものだと思うし、われわれを取り巻く物語に感動を覚える。ネティー・ヒーソーンは祖母として詩人タッソの聖火を二世代後に託した。パパ・ジョーは、異国に異邦人として、英語の文法もおぼつかない状態で上陸し、文法書と祈禱書を、やはり二世代後の私に託した。ある意味で祖父は、私の仕事を、形こそ違え、自分の人生で成就した希望の価値ある継続として見てくれそうな気がする。こうした継続に感動を覚えるのは、家族の未来がたどる不確実性をなんとなくわかっていることが、生命の連鎖という大きなつながりとどこかしら通じていることを理解しているからなのではないだろうか。なればこそ、小さな継続が、言葉や涙では言い尽くせない深い意味を帯びた「光明」になるのではないか。そういうわけで、私がこのエッセイシリーズの最終回を書けるのは、切りがないことを心得ているからである。残された旅に新しいアイデアを一つか二つくらいちりばめることくらいはできることも心得ている。新世界に芽吹いた小枝の一〇〇周年を弱冠一四歳だった先祖が最初に記した言葉を後世に伝えることで讃えるために、取るに足りない小枝の現世代がちょっとだけ中断する間も、このような生命観は滔々《とうとう》と流れ続いていく。

親愛なるパパ・ジョー、私は継続というあなたの夢に忠実だったし、価値ある世代を付け加えることで進化の連続性を強化できるかもしれないという希望にも与《くみ》してきました。あなたはそもそもの始まりを迎えた喜びと不安の中でこの素晴らしい言葉を発しました。私は、科学者になり、たとえ些細なことでもいいから、進化と生命史に関する独自の新知見を付け加えるという子ども

新婚時代のグラミーとパパ・ジョー（1915年頃）

時代の自分の夢（クイーンズ区のガーデンアパートに住む少年にとっては途方もない夢）をかなえられるまで、この言葉を繰り返すつもりはありませんでした。しかしこのシリーズも三〇〇回を重ね、しかも新千年紀の始まりとあなたの記念日一〇〇周年[*2]という好機を迎えた今こそ、あなたの神聖な言葉を繰り返し、あなたが感じたインスピレーションは未だに私の旅路を照らしていると告げる権利を、ついに勝ち得たというべきなのかもしれません。ぼくは上陸している、と。

しかし、それならば次に来るものは何なのか！

＊2　本エッセイは、エッセイシリーズの三〇〇回目にして最終回として、二〇〇一年一月号に発表された。二〇〇一年といえば、一般の認識とはずれるが、数学的には正当な新千年紀の初年であり、祖父がヨーロッパからアメリカに到着し、わが家族のオデッセイを開始したのは一九〇一年のことだった。

第二部　学問間のつながり——間違った分割への科学的な傾斜

2章　想像力なき科学も、事実なき芸術もありえない

——ウラジーミル・ナボコフの鱗翅《りんし》類研究

知的浮気性のパラドクス

フランシス・ベーコンは謙虚とはとても言いがたい人物だった。しかし、かの大法官が人類の知識を「大復興」すると宣言し、すべての学問が自分の分野だと明言したものの、そこで掲げた目標は、シェイクスピアと同時代の偉大な一思想家に許された時間と能力をはなはだしく上回るものだった。しかし、知識が増大し、ますます杓子《しゃくし》定規で自己規制的に確定された分野に断片化されるほどに、研究活動が一つの分野からはみ出してしまう学者はうさんくさく見られるようになった。なんでもない屋（いわゆる「二兎を追って一兎も得られない者」）とか、異分野に口を出す迷惑な好事家《こうずか》、すなわち自分のほんとうの専門分野の方法を異分野の筋違いな対象に適用しようとする困り者と見なされがちなのだ。

偉大な思想家や芸術家が害のない趣味として、その業績を損なわない程度の時間を割いて異質

な活動に手を出す分には、世間もまあまあ寛容である。ゲーテ（あるいはチャーチルなどなど）がへたくそな日曜画家だったにしても、ファウストやウェルテルがそのことで無視されたりはしない。アインシュタインは（演奏に立ち会った人たちから聞いたところでは）凡庸なバイオリニストだったが、その道楽のせいで物理学を奏でる時間が奪われたわけではない。

しかし、余技のせいで本来の価値ある営為から貴重な何かが奪われているように見える場合は残念である。ミステリー作家ドロシー・セイヤーズの晩年の宗教作品は、宗教家を喜ばせたかもしれないが、彼女の熱心なファンたちは間違いなく、比類なきピーター・ウィムジイ卿ものをあと数作は書いてほしかったと思っているはずである。作曲家のチャールズ・アイヴズは保険業のほうで多くの人の力になったし、アイザック・ニュートンは『ダニエル書』、『エゼキエル書』、『ヨハネの黙示録』を分析することでいくばくかの事柄を解決したにちがいない。だが、やはり、少しでも多くの作曲や数学の研究をしてくれたほうが、人類にとっての恩恵は大きかったような気がする。

そういうわけで、余技に打ち込むことで本来の専門に割く時間が大幅に奪われたことを知ると、われわれとしては、それがなければ書かれるはずだった小説や曲、なされるはずだった発見をいたずらに嘆くことはやめよう、偉人も余技に耽《ふけ》ることで本業を向上させたり有益な情報を仕入れていたのだろうと自分を納得させようとする。量の損失は質の向上で埋め合わされているにちがいないというわけである。しかし、この論理を定式化し承認することには難があるかもしれない。

パデレフスキはポーランドの首相になったことでピアニストとしても向上した（あるいは逆に、同国人であるショパンの曲を演奏することで優秀な政治家になった）などと言ったら笑われそうだ。ビリー・サンデイは、大リーガーだったことがあるおかげで巡回説教師としての技量を（そんなことはどうでもいいが）どうやって高めたのか（盗塁王になったこともあるサンデイは、説教壇に滑り込むジェスチャーをしてから説教を始めたりしたという話も聞く）。

この伝で誰よりも多くのコメントを集めそうな現代の天才といえば、ウラジーミル・ナボコフの右に出る者はいない。なにしろ、蝶の分類屋としてのナボコフの〝別の顔〟は、アーダやロリータほか、彼が創り出したキャラクターに対する批評すべてを合わせたのと同じくらい大量の派生的批評を喚起してきたほどなのだ。ナボコフにかぎって言えば、たまの日曜日に捕虫網を手に森をうろつくといった単なる好事家ではない。たくさんの学術論文に名を連ね、昆虫学に相当な貢献をした立派な科学者なのだ。そうなると、彼が送った二つの人生を結びつけ、「たしかに小説何篇か分は損したかもしれないが、ナボコフが昆虫学にかけた時間は、彼の文学作品に光輝を与え、場合によっては作品の質を変えた観点と方法論を発展させるほど充実したものだった」と、つい言いたくなる（もちろん、本エッセイの著者も含む専門の分類学者の側から見れば、小説と引き換えに書かれずに終わった何篇かの研究論文のほうが惜しいという言い方もできる）。

こんな言い方をすれば、知識人たちのあいだにあらぬ疑念が生じかねないので、動物分類学者コミュニティにおけるナボコフに対する一致した評価を申し添えておこう。確言するが、ナボコフは（俗な言葉で言う）アマチュアではなかった。十分な資格と明白な才能に恵まれ、プロの分類学者として職を得ていた。彼は、マニアには「ブルー」の名で知られるラテンアメリカのヒメシジミチョウ族の〝世界的権威〟として認められていたのだ。

ナボコフがその人生においてなによりも深くなによりも長く情熱を燃やした対象が、蝶の自然史学と分類学だった。ロシアの上流階級知識人のあいだでは自然史学への関心が伝統的に高く（時間と経済状態と機会に恵まれているという好条件もある）、ナボコフはそうした伝統に触発され、幼い頃から蝶の採集を始めた。ナボコフは、一九六二年のインタビュー（Zimmer, p.216）で次のように述べている。「私が英語で書いた最初の原稿の一つが、一二歳で書いた鱗《りん》翅《し》類に関する論文でした。ただしそれは公表されずに終わりました。その論文で私が記載した蝶は、すでにどこかの誰かが記載済みのものだったからです」。一九六六年に行なわれたインタビューで、ナボコフは、昆虫学のすてきなメタファーを援用しながら、子ども時代に夢中になり、その情熱は終生続いたと語り、政治的現実のせいで蝶に関する研究が続けられなくなったことを残念がっている（Zimmer, p.216）。

しかし私は、自分が蛹《さなぎ》になる前に、ペルーやイランで蝶採集をするつもりでいました。……革命が起こってああなっていなかったとしたら、私が大地主階級の紳士のレジャーに邁進《まいしん》していたことは間違いないでしょう。しかし、そうだったとしたら、昆虫学への没頭はもっとすごいことになっていて、アジアまで採集旅行に行っていたことでしょう。個人博物館ももつことになったでしょうね。

ナボコフは、蝶の分類と自然史に関して一〇篇を超える数の学術論文を発表した。その大半は、ハーヴァード大学比較動物学博物館鱗翅類部門研究フェロー（非公式のキュレーターを兼ねる）として正式雇用されていた六年間に書かれたものである。私がもう三〇年も構えている研究室の三階上の部屋が彼の研究室だった（私が着任したのはナボコフがここを去った二〇年後であったため、知己を得る栄誉にはあずからなかった。それでも、ナボコフがかつて在籍していたという知識は、ルイ・アガシが一八五九年に創設し、その後も綺羅星《きらぼし》の如《ごと》き自然史学者が在籍したこの由緒ある博物館を、私にとって、ひときわ特別な存在にしてきた）。

ナボコフは、一九四二年から、コーネル大学で文学を講ずる職を得た一九四八年まで、年俸およそ一〇〇〇ドルというさして高くない額でハーヴァード大学に雇われていた。彼は、昆虫体系学という自ら選んだ分野の専門家として高く評価されていた。ナボコフはこの分野のアマチュアだとか、単なる好事家だったというレッテルが貼られがちな理由は、昆虫体系学という分野の専門家という定義に対する無知による。

まず第一に、生物のさまざまなグループの主だった専門家の多くは、賞賛すべき文字どおりの（軽蔑すべき逆の意味とは反対の）意味で〝アマチュア〟である。つまり、研究対象への深い愛情ゆえに無類の知識を養っているものの、その研究からはさしたる報酬を（あるいはまったく）受け取っていないという意味である（分類学は、科学の他の分野とは違い、研究費や実験設備をさほど必要としない。子ども時代から地道かつ細心な観察を行ない、ひたむきに文献を読み研究に励むことで、必要な専門知識と技量はすべてそろう）。

第二に、この分野では、残念ながら低い報酬と不適切な肩書き（ただし完全雇用）のスタッフが、常に必要とされてきた。ナボコフがわずかな俸給と、正式な研究員とかキュレーター職ではなく、研究フェローなどという曖昧な肩書きで働いていたという事実があるからといって、それが非専門家の地位だったことにはならないのだ。私が一九六八年に同じ博物館に職を得た時点で、各生物研究部門の世界的な権威で学術論文もたくさん発表している部門責任者の何人かは、ハーヴァード大学の給与支払い簿では「年俸一ドル」という名義だけの職員で、実質的には〝ボランティア〟として働いていた。

第三に、これがいちばん重要な点だが、正規に雇用されている分類学者のすべてが立派な専門家でその地位にふさわしいなどと、私は決して言うつもりはない。どの分野でもそうだが、高い地位にまでどうしようもないばかがいるものだ。私自身は昆虫の専門家ではない（私の研究対象は軟体動物の巻き貝である）。したがってナボコフを昆虫分類学者として正当に評価できる立場にはない。しかし蝶の中でも大きくて錯綜《さくそう》したグループである「ブルー」の分類で有名な研究者たちは、ナボコフの研究は素晴らしいと証言しているし、口を極めて賞賛している。種やそれ以外の自然グループを見分けるちがい（たいていは微妙なちがい）を見極める「いい目」をしていたというのだ（本エッセイの文献中にある高名な鱗翅類分類学者の論文――Remington; Johnson, Whitaker, and Balint――二篇を参照）。それどころか、ナボコフが『ロリータ』の出版によって現在のような文学的評価を受ける前から、（得る収入と割く時間という通常の基準から見て）プロの鱗翅類学者にしてアマチュアの作家として世に知られていたというのは、多くの学者が認めるところである。

こうした同業者の証言に加えて、ナボコフ自身がプロの鱗翅類研究者としての生活のあらゆる側面に打ち込み、夢中だったことを自ら証言し続けていたことに（しかもみごとな文章で）注目すべきである。文芸批評家エドマンド・ウィルソン宛に一九四二年に書いた手紙には、野外観察と蝶採集の喜びが発散している。「バニー、君もやるべきだ。世界でいちばん高貴なスポーツなのだから」（Zimmer, p.30)。研究室での顕微鏡観察という退屈で単調な仕事も、ナボコフの手にかかれば光輝を帯びる。ハーヴァード大学に雇われていた一九四五年に妹宛に書いた手紙を見てみよう（Zimmer, p.29)。

　私の研究室は四階の半分くらいを占めている。部屋の大半は標本棚が並んでいて、蝶の標本を収めた引き出しになっている。私の仕事はこのすごいコレクションの管理。世界中の蝶がそろっている。……窓際には作りつけの机があり、顕微鏡、試験管、化学薬品、紙、虫ピンなどが置いてある。私には助手が一人いて、主に、コレクターから送られてきた標本の展《てん》翅《し》をしてもらっている。私は、アメリカ産の「ブルー」を生殖器（顕微鏡を使わないと見えない、複雑な構造をした微小なフックやギザギザ、トゲトゲなど）の形態を基に分類するという自分の研究に励んでいる。幻灯機に似た精妙な装置で生殖器のスケッチをするのさ。……夢中になれる仕事だけど、とても疲れる。……自分が調べている器官を見る人間は自分が初めてであることを知ること、誰も知らない類縁をたどること、沈黙が支配し、目も眩《くら》むような白い境界に区切られた顕微鏡のまばゆい世界に浸ることなど、言葉に表わせないほど魅惑的なんだ。

ナボコフは、昆虫の微小な形態を根詰めて観察する仕事にあまりにも長時間励んだせいで、視力をすっかり悪くした。つまりナボコフも、一八世紀のシャルル・ボネ、一九世紀のアウグスト・ヴァイスマンなど、長年にわたって目を酷使したせいで視力を損なった高名な歴代昆虫学者の一人に列せられるというわけである。一九七一年のテレビインタビューでは、次のように述べている（Zimmer, p.29）。

私の研究の大半は、雄の生殖器の構造を基に、ブルーに輝くある種の小さな蝶を分類するというものでした。この研究には顕微鏡が不可欠で、私は毎日六時間もこの研究に没頭したせいで、視力が悪化して回復しなくなりました。しかし、ハーヴァード大学博物館で過ごした年月は、大人になってからの私の人生において最も楽しく興奮に満ちた日々でした。

一九七五年のインタビュー（Zimmer, p.218）は、昆虫学にかける愛情と情熱に関する最後の証言となっている。その情熱は、肉体の衰えを打ち負かせるものなら再び彼を夢中にさせるほど強いものだったことがわかる（「明かりにひかれる蛾《が》のようだ」と、つい言いたくなる）。

ハーヴァード大学比較動物学博物館を後にして以来、顕微鏡には触れていません。いったん顕微鏡を手にすれば、その明かりに再び溺れてしまうことが明白だからです。ですから、若いときに夢見た魅惑的な研究のほとんどは未完のままですし、おそらく完成しないままで終わることでしょう。

そういうわけで、この節の結論として、ナボコフの例をあげ、彼にとっての鱗翅類はアマチュアの道楽が高じて少しばかり脇道にそれただけで、そのせいで書けるはずだった小説を書く時間が削られたわけではないとの理由を出すことにより、「知的浮気性のパラドクス」を解決するわけにはいかない。ナボコフにとっては蝶も文学も同じくらい大切だった。彼は何年かプロの分類学者という職に専従し、時代の試練に耐える論文を一〇篇以上も発表したのだ。

それでは、別の解決のしかたはどうだろう。鱗翅類のせいで文学に割く時間は削られたが、そのことが小説の質を高めるか、少なくともナボコフ一流の文学を生み出す上で貢献したという言い方は可能だろうか。最終的に私はこちらの見解を支持するつもりだが、そうするにあたっては、異例なことではあるが、そもそもの問いの立て方が間違っているのだということを、まず明らかにするつもりでいる。ただしその前に、この「別の解決のしかた」としてあげられるきわめて有名な二つの例は支持しがたいことを証《あか》し、知的浮気性のパラドクスそれ自体が否定されるべきであり、アートとサイエンスとの関係を正しく理解する上での障害を明らかにしなければならない。

存在しない問題への誤った解答

ナボコフの蝶研究に関して文学者が書いた評論などを調べてみて、ほぼ全員が似たような問題に固執していることに驚かされた。二〇世紀の偉大な作家が、大半の文学者にとってはどうでもいい異質な分野になぜあれほどの時間を割き、論文まで発表しているのか、これは大いなる謎であると一様に問題にし、二つの解釈のうちのいずれかに与《くみ》しているのだ。

◎同等説

第一の解釈としては、ナボコフの文学ファンは、書かれなかった作品群について遺憾に思うようだ(ちょうど、モーツァルトやシューベルトの早世を嘆く音楽ファンと同じ)。そうしたもっともな嘆きに対する説明を調べれば、ナボコフの卓越した才能のおかげで、鱗翅類に対する貢献が独特の創造的なかたちで文学に活かされたという慰めの言葉が見つかるだろう。ただ、彼が持ち時間の配分を変えていたとしたらどんなによかったかといかに念じようとも、少なくとも自然史学に対するナボコフの貢献と寄与に関しては、増えも減りもしないというのが大方の見解だろう。そこでこの見解に固執する論者は、ナボコフの鱗翅学は彼の万能の才のなせる業《わざ》であり、自然史学を変革する大きな影響力を秘めていたとする説明を試みてきた。

しかし、分類学の実践と進化理論の歴史に通じている生物学者に言わせれば、こんな説明にはこれっぽちの説得力もない。これまで述べてきたように、ナボコフは蝶の重要なグループに関するきわめて有能なプロの分類学者だった。しかもその素晴らしい研究に関して生物学界で彼が受けているのは賞賛のみである。しかし自然史学者のあいだに、ナボコフを創造的な研究者、人文系で言う「前衛」（あるいはアバンギャルド）、科学者の言う「最先端」に属する研究者と見なす意見はない。ナボコフは、文学の将軍かもしれないが、自然史学の分野では優秀な古参兵というのがいいところなのだ。

ウラジーミル・ナボコフの科学者としての立場は、特定の動物グループに関する地味な専門家というものであり、どう見ても理論家ではないし、知的なアイデアなり方法の提唱者でもなかった。彼が行なったのは細分化と細かい記載であり、統一や一般化を行なったわけではない（これは自然史学では悪口ではない。その理由は次節で説明する）。にもかかわらず、ナボコフを自然史学改革の人として描きたがったらしい文芸評論家たちが数多くいた。彼らが繰り返しあげた理由は、以下の四つである。

一、革新という神話　ナボコフの方法論とおぼしきものを、ほとんどやけっぱちで革新的と認定したがった批評家が多かった。しかし分類学の専門家ならば、そんな主張は幻想だと即座に切り捨てるはずである。なぜなら、そこで革新的とされているものは、ごくごく当たり前の（立派ではあるにしても）行為であるか、たしかにナボコフならではであるものの科学的重要性という点では特筆しがたい（奇異な）特質であるかのいずれかなのだ。

いちばんの例として多くの批評家が強調しているのが、一般向けの野外観察図鑑に種名を並べたり専門論文で亜種を同定したりする際に蝶の正式な学名を引用しながら学名の記載者を特定していない科学者に対して、ナボコフが再三再四苦情を述べている点である。たとえばジンマーは次のように書いている（Zimmer, p.10)。「一般的な出版物ややや科学的な出版物で、学名の記載者の名を省く例が増えている。ナボコフはそれを、『最近のアメリカの動植物学マニュアルの多くをだめにしている嘆かわしい商業主義』と呼んでいた」

学名の命名規則によれば、学名は大文字で始まる属名（たとえばヒトの属名は*Homo*）と種小名（ヒトでは*sapiens*）の二つで一つの学名（*Homo sapiens*）を構成する（リンネの分類体系は、属名と種小名がペアになっていることから「二名法」と呼ばれている）。それと、これは必ずしも絶対に必要というわけではないが、その学名の後に最初の記載者の名前を付ける慣習もある。たとえばヒトの学名ならば *Homo sapiens* Linnaeus となる。この慣習があるおかげで、種名の起源をたどることが容易になる。しかし実際にこの慣習を実践するのは手間がかかる（最初の記載者を特定するのがやっかいな場合も多いのだ。私自身、自分の研究においてきわめて重要な巻き貝なのに、その記載者を知らない例がいくつかある）。しかも、何百個もの学名を列挙するような場合（野外観察図鑑など）、この慣習を厳密に実行するとなると、さして役立たないことのためにたくさんのスペースを使うことになる。

そういうわけで、一般向けの出版物（特にナボコフの怒りの対象となっているマニュアル類）では、学名記載者の名前は省かれるのが通例である。それに加えて同じ理由から、専門的な出版物でも、種名の記載者の名前は添付するが、亜種名（種の中で地理的に限定されるサブグループを特定する三つぞろえの名前）の記載者は省略するという妥協がなされている場合が多い。この問題に関して賛否両論を戦わせることは正しい。私ならば、ナボコフの批判に与《くみ》する。しかし、どちらかといえばこれは瑣末な問題であり、あまり入れ込む気にはなれない。

それとは別に、ボイド（Boyd, p.128）がナボコフを賞賛している例がある。「ナボコフの提示法は、時代の先端を行っていた。蝶の標本写真を一つだけとか、生殖器の図を一つだけ示すのではなく、必要な場合には、九ページにもわたって亜種の標本をびっしりと紹介しているのだ」。これについては、私もナボコフに完全に同調する。あらゆるレベルの変異と多様性という自然史学の主題を尊重する彼の態度は正しい。しかし、複数の標本を図示するという方法は、別段ナボコフ独自の方法でもないし、先進的な方法でもなかった（むしろ、ナボコフがそうしたのは、変異の本質に関して何らかの革新的な理論があったゆえというよりは、細部にこだわる彼の徹底ぶりを反映したものなのだろう）。ともかくこの問題に関しては長い議論と分類学上のさまざまな対処法が講じられてきたもので、専門家の多くはナボコフの立場を支持してきたと思う。

二、勇ましさという神話　文芸評論家の多くは、ナボコフの革新という主張に添えて（あるいは強調するために）、ダーウィニズムの正統派に対する疑念を表明したナボコフの理論面での勇ましさ（それと先見性）を指摘してきた。特に、蝶の模様に見られる擬態の適応的価値に関する発言がそれにあたるという。

これと関連してよく引用されるのが、『ナボコフ自伝——記憶よ、語れ』の中の一節である。ナボコフは、擬態の個々の要素には適応的価値などないと主張することで、擬態を生み出した原因としての自然淘汰を否定する長い学術論文を書いたらしいのだが（Remington, p.282参照）、公表はしなかった（蝶の擬態とは、主に翅《はね》の模様が類縁のない別種の模様に驚くほど似ている現象をいう。ダーウィニズムの説明では、捕食者が一度食べたら二度と食べたがらなくなるほどまずい種の模様をまねることで、「美味しい」種が捕食を免れるという適応的価値が生じるとされる）。その論文の草稿は残っていないのだが、ナボコフの自伝にはその一部が紹介されている。

外観の模倣や行動の模倣の奇跡的な一致は、ダーウィン流の意味での「自然淘汰」では説明できないだろう。あるいは、護身の工夫が捕食者の識別能力をはるかに凌駕《りょうが》するほど高度な擬態の場合には、「生存闘争」説でそれを説明することもできないだろう。私は自然に、芸術に見つかるのと同じ非功利的な喜びを発見した。いずれも魔法の一種であり、魔力と欺《ぎ》瞞《まん》が錯綜したゲームなのだ。

正統派に論争を仕掛けるのは前衛を走る勇気ある革新者だと見なしたくなるのは、知を重んじる立場としてわからなくはないが偏見である。逆の理由、つまりかつて人気のあった見解への保守的固執から現行の見解に異を唱えるということもある。擬態に関するダーウィン流の解釈に対して強い疑念を表明したナボコフの立場については、彼一流の革新性や剛胆さによるものというよりは、伝統に則《のっと》った保守性のなせる業だったという傍証が二つある。一つ目の傍証は、ナボコフがこの論文を書いた一九四〇年代の時点では、現代的なダーウィニズムの主流はまだ固まっていなかったということがある。当時の進化生物学者の間では、ナボコフが表明しているような疑念はきわめて一般的なものだったのだ。詳細な形態や地理的変異の研究に打ち込んでいる分類学者のあいだでは特にそうだった（当時の見解についてはRobson and Richards、正統ダーウィニズムが一枚岩となったのは一九五〇年代から一九六〇年代にかけてのことだったことに関しては

Gould と Provine を参照）。つまり、擬態に関するナボコフの見解は当時の生物学者に共通した姿勢の表われであり、先進的で果敢な挑戦というよりは、非ダーウィン流の進化に対するかつての合意事項に連座した見解だったのだ（とはいえ何の因果か私自身、正統派ダーウィニズムに対する疑念表明者として有名だし、頻繁に罵倒されてもいる。したがって私は、護教者としてナボコフをなじっているわけではない）。

擬態に関するナボコフの見解を評価するにあたっては、歴史解釈の第一の過誤を避けるよう心がける必要がある。先人が主張したことの妥当性を判断するに際して、後世の結論を基準にするという時代錯誤を犯してはならないというやつである。それはそうなのだが、こと擬態に関するナボコフの信念にかぎっては、通常の時間という科学的検証（ベーコンのいう「真理は時の娘」）に耐えられなかったと言ってさしつかえない。これが二つ目の傍証である。蝶の進化生物学の世界的権威にしてナボコフの科学を高く評価している人物の結論をここに引用しよう。わが同僚のチャールズ・リー・レミントンの言葉である（Remington, p.282）。

知的議論としてはおもしろいが、現在の科学から見ると、あまりまじめに検討する価値はないだろう。二〇世紀初頭の何十年という時代には、体色や形態面での精妙きわまりない類似に関して、さまざまな生物学者がダーウィン流の解釈に疑念を表明していたが、現在ではそれらも適応的価値をもつ擬態であるとされている。その後、擬態と捕食者の学習、……体色の遺伝などに関して精緻《せいち》な実験的検証がなされたことで、基本的な反対意見は崩壊させられたというのが、この分野の専門家たる私の意見である。しかし、自然淘汰説への異議申し立てにあれほど形而上学的に入れ込んだナボコフは、自らの自己満足のために進化論的な結論を否定したのではないかというのが、私の推測である。自然史学者として秀でていたナボコフは、完璧な擬態の例をじつにたくさん、独力で引用することができた。しかし、最新の集団遺伝学という迷路には不案内だった可能性がある。

最後に言っておきたいことがまだある。それは、ナボコフの生物学では擬態以外の主要な業績において、先見の明があったというよりは現在はすでに廃《すた》れてしまっているし、当時にあっても、革新的とか彼独自というよりはすでにいささか時代遅れだったとも判断できる点がありそうだということである。特に実践的な分類学者としてのナボコフは、博物館の収蔵標本に見つかる形質のみに依拠した種の定義を採用していた。しかし、現在（ナボコフの時代を含めて大半の時代）の進化生物学者の大多数が強く主張する見解は違う。種とは自然界に「実在する」個別の集団として認識されるべきであり、人間が採集したコレクションという限定的な人為的データで同定可能な特徴によって定義される単位ではない。多くの種は、自然界において集団を維持させている遺伝的特徴や行動的特徴にその独自性を負っているが、それらは博物館の標本には保存されえない特徴である。にもかかわらずナボコフは、そのような集団が種と認識されるべきだとする意見に強固に反対していた。そのようなナボコフの見解は、現在の自然史学者がこぞって否定する類のものだろう。ナボコフの論文には次のような一節がある（Zimmer, p.15 からの引用）。「良くも悪くも鱗翅類の種に関する現在の概念は、死んだ標本でチェック可能な構造のみに基づいている。もし、フォスターヒメシジミとドルスヒメシジミが染色体の数でしか区別できないとしたら、フォスターヒメシジミはお払い箱にすべきである」

三、芸術的才能という神話　ナボコフは、蝶の絵を数多く描いた。なかには出版されたものもあるし、友人や親戚、特に妻のヴェラへの献呈本に添えられたみごとなイラストもある。それらの絵はじつに美しい。生き生きした輪郭と淡い色彩がみごとに調和したものも多い。しかし、正直な話、異常なほど正確な絵だとか、ずば抜けて美しい絵だといった評価（そういう発言もある）は、せいぜい理想化されすぎとしか言いようがない。マリア・メリアンからエドワード・リア（滑稽《こっけい》詩の作者として有名だが、それはあくまでも余技で、本業は優れた博物画家だった）に至る最良の博物画の精密かつ芸術的な伝統に照らせば素人の趣味にすぎない。

四、文学的な香りという神話　評論家のなかには、ナボコフは卓越した分類学者ではあったが革新的な存在だったわけではないことを認識した上で、彼が発表した分類学の記載論文は少なくともこの分野としては他に例を見ないほど文学的な文体で記されていたと評している者もいる。たとえばザレスキは、ナボコフの学術論文を激賞している（Zaleski, p.36）。「蝶の研究だというのに、文章がこれほど研ぎ澄まされているとは素晴らしい」。この種の判断も、主観的なものでしかない。しかし私は、学術論文をそうした目で読むことをずっと続ける一方で、文学の様式や質に対して素人なりに本気で注目してきた。その私に言わせれば、ナボコフの論文における文体はたしかに芳醇《ほうじゅん》ではあるが、このきわめて限定されたジャンルに対する彼の寄与としてことさら注目すべきものは見当たらない。そもそも、伝統として簡潔で「客観的」な文体を要求されるジャンルで、文学の才を羽ばたかせるような余地はほとんどないのだ。

◎文学的光輝という説明

かくして、ナボコフの事例に関しては、知的浮気性のパラドクスに対する二つの解決策が、共に間違っていることが明らかになった。すなわち、ナボコフの鱗翅類研究は罪のない個人的な情熱の産物であり、彼の文学活動の時間を削ることにはならなかったわけではない。さらには、ナボコフの万能の才をもってしても、鱗翅類研究が独自の光輝を放ったとか、彼の文学作品に劣らないほどの価値をもったわけでもなかった。この二つの解決策が否定されたからには、通常の慰めに残された唯一の拠《よ》り所しか残されていないことになる。つまり、ナボコフは鱗翅類研究に打ち込んだことで文学作品にかける時間はほぼ確実に減らされたものの、科学の研究から特別な知識や哲学的な生命観を得たことで、ナボコフ文学特有のスタイルと素晴らしさがまさに生み出された（もしくは少なくともその誕生に大いに寄与した）という主張である。

この種の主張に関しては、重要な先例がいくつか見つかる。一七世紀の偉大な昆虫学者ヤン・スワンメルダムは、晩年はキリスト教の布教に専心し、昆虫学の基本的なメタファーが自らの宗教観を発展させる上で役立ったと主張した。たとえば、蝶の生活環はキリスト教で言う霊魂の遍歴の象徴であるという。幼虫は地上における生身の生活に相当し、蛹《さなぎ》は肉体の死を経験した後の霊魂の待機状態を意味し、羽化して蝶になるのは栄《は》えある復活にあたるというのだ。

現代人にはより身近に感じられるもう一つの例をあげよう。アルフレッド・キンゼイは、昆虫学者としてタマバチ（*Cynips*）の分類を二〇年間研究した後に人間の性行動の調査に転じ、二〇世紀社会学史における重要人物として悪名を馳せることになった。キンゼイは最初に発表した『人間に於ける男性の性行為』（一九四八）に付した詳細な序文で、集団の特性に関して昆虫分類学から得た知見が人間の性行動に関する研究をいかに鼓舞し、いかに役立ったかを説明している。集団中には著しい個体変異が存在しており、一つの形状を正常と位置づけ、他はすべて異常とすることなどできないというのだ。

本調査の手法は、現代の生物学者が用いる意味での分類である。これは、筆頭著者が長年にわたって昆虫分類学の問題に携わってきた経験から生まれたものである。昆虫という素材から人間への移行に論理的矛盾はない。それは、変異に富む集団の研究に適用されうる手法の移行だからである。

ナボコフが文学作品の中で昆虫学のテーマ、それも蝶に関する話題を一貫して頻繁に取り上げていることはよく知られている。その取り上げ方も、ちょっとした言及から曖昧な表現、あるいは概括的な内容など多岐にわたっている。そうした膨大な言及を表にしたり注釈をつけている学者もいる。したがって、ナボコフの鱗翅類研究は彼の文学に直接的かつ決定的な影響をおよぼしたという仮説を立てたくなって当然である。スワンメルダムやキンゼイという先例があるのだからなおさらである。

実際、そうした主張は文学者によって繰り返しなされてきた。ナボコフは昆虫に関する知識をメタファーと象徴の重要な源として活用したというのだ。なかでもいちばん顕著なものでは、ナボコフの文章における蝶に関するすべてとは言わないまでも大半の引用は、深い象徴的な意味合いをもたせられているという。たとえばジョアン・カージス（Karges）はナボコフの鱗翅類研究を論じた著書で次のように主張している（ZimmerP.8からの引用）。「ナボコフが引用している蝶の多く、それも特に青白色の蝶は、アニマ、プシュケ、霊魂といった伝統的な不死の象徴であり、……肉体から離脱ないし離脱しつつある霊魂の消失を暗示している」

科学にかけた膨大な時間は決して無駄ではなかった、そのかげでナボコフの小説はぐんと向上したのだからというのが、文学ファンが最後にすがる希望的観測だろう。しかし、この最後の望みも二つの理由で否定される。一つは昆虫がある種の象徴として活用されてはいないことを示す論拠であり、もう一つは芸術と科学をめぐる説明である。まず第一の（きわめて明確で限定的な）論拠として、ナボコフ自身、蝶に関して文学的な象徴としての関心などないと声高に主張していただけでなく、そのような解釈は自分自身の真の関心の曲解であり冒瀆《ぼうとく》であると見なしていたふしがある（芸術家にかぎらずわれわれはみな真意を隠したがるものではあるが、この問題に関するナボコフの発言を否定する理由は見つからない）。たとえばナボコフは、インタビューで次のように話している（Zimmer, p.8からの引用）。「蝶が何か（たとえばプシュケ）の象徴である場合もあるが、それは私にとってはまったく関心の埒外《らちがい》です」

ナボコフは、事実としての正確さを尊重することこそが最重要基準であるとの理由で、象徴的な解釈の誤りを繰り返し主張している。その一例として、ナボコフはポーを批判している。ポーはドクロメンガタスズメを死の象徴として使っているが、そのスズメガの特徴を描写していないだけでなく、さらに悪いことには実際には分布していない地域でその種を登場させているというのだ。「ポーはドクロメンガタスズメの外観を描写していないばかりか、それがあたかもアメリカに生息しているかのような誤った印象を抱いていました」（Zimmer, p.186からの引用）。『アーダ』に登場するナボコフ特有の言い回しが、そのことを雄弁に物語っている。ヒエロニムス・ボスが描いた『快楽の園』で蝶が象徴的に描かれている点に関して、いかにも楽しそうに罵倒しているのだ。曰く、翅《はね》がたたまれた状態では本来見えないはずの上面の派手な模様が裏側に描かれてあり、これでは逆だというのだ。

中央パネルに描かれたタテハチョウは、まるで花の上に置かれている。この〝まるで〟というのが肝心なんだ。この愛すべき二人の少女の正確な知識が、ここに示されているからだよ。二人が言うには、この蝶の翅の向きは間違っている、正しくは下面が見えるように描かなければいけないというのだ。なのにボスは、開き窓の隅にあったクモの巣にひっかかっていた一枚か二枚の翅を見つけて、きれいな上面のほうが外側に見える、不自然な翅のたたみ方で描いてしまったにちがいない。難解な意味だとか、蝶にまつわる神話だとか、ボスは当時のばかげた話を表現しているのだと主張して傑作を食い物にする批評家なんぞのことはどうでもいい。寓意物語には虫酸《むしず》が走る。

最後に付け加えるなら、ナボコフがメタファーとして蝶を出している場合でも、象徴的な意味をもたせるようなことはしていない。単に、具体的なイメージを伝える目的で、正確な描写をしているだけである。たとえば『マーシェンカ』には次のような一節がある（Zimmer, p.161からの引用）。「彼らの手紙は、当時はたいへんな状況にあったロシアをなんとか横断した。ちょうど、モンシロチョウが前線を飛び越えるように」

もう一つの芸術と科学をめぐる問題。ナボコフの鱗翅類研究は彼の文学に直接的な素材を提供したとか、表現スタイルを決めたと主張したいとしよう。その場合には、反対要求に出くわすことになる。なぜなら、明白な関連を示す最上の例が、ナボコフを重大な誤りに導いているからだ（私としては、いつもばかげた要求と正確さ無視によって科学界を混乱させている文学者は科学からシャットアウトしろという無教養で美的センスにかける科学者の作り話を広めるつもりはない）。直接的な関連を示す証拠を提示するとしたら、ナボコフの芸術家としての視点を科学に持ち込んだ点を強調するしかないだろう。そう、逆のケースではない。しかも残念なことに、そうすることでナボコフは、自然史学に害をもたらした。ナボコフは、自分が擬態に関して非ダーウィン流の解釈をするのは、文学に対する自分の姿勢からきていると、頻繁に証言している。彼は、「芸術に見つかるのと同じ非功利的な喜び」を自然の中に発見したがっていた（長い引用は前述）。この主張は、すでに論じたように、ナボコフが科学の学術論文において犯した最も重大な誤りに該当している。

正確さという説明

科学のふつうの方法としては、お気に入りの仮説の検証に失敗した場合や、失敗するに決まっているような場合には、経験的なデータに立ち戻るに如《し》くはなしとされている。それも、別の有望な仮説をもたらしてくれるかもしれないパターンの手がかりを求めて、基礎的なデータを漁《あさ》るのがよい。ナボコフの場合は、彼の発言と文学に昆虫学を活用する際の一貫した姿勢が、そのような基礎データとなると同時に、別の解釈を示唆してくれそうである。先人の評論家たちも、このやり方に着目しなかったわけではない。なにしろナボコフは、誰もが気づくほど声高《こわだか》なメッセージを送っていたからだ。しかし、ナボコフの鱗翅類研究に関して公表されているコメントの大半は、ナボコフの文学と科学研究とのあいだの関係について彼自身がどう考えていたかを理解するにはこのやり方が鍵となることを、わかっていなかったのではないかと思う。なんといっても、文学と科学という人智のおよぶ二大領域間の軋轢《あつれき》と差異に関しては紋切り型の先入観が存在しており、それによって事態が不明瞭となっているからだ。

従来の解釈がことごとく否定されるのは、それらが一つのレベルに拘泥《こうでい》しすぎていたからである。つまり、この場合で言うなら、科学という領域が文学の領域にどのような影響をおよぼしたかを探ることばかりにかまけすぎていたのだ。しかし、両者の関係を探るための基本的な情報は、それよりももっと深いレベルに隠れている可能性もある（この場合の深いとは、倫理面とか重要性ということではなく、単に幾何学的な意味での深さである）。科学と文学との重要な関連性は、もしかしたら、ナボコフがこの二つの領域に等しく適用していた基本的かつユニークな方法にあるかもしれない。それは、ナボコフの業績すべてに同じユニークな特徴を授けている方法である。この場合、一方の領域がもう一方に対して重大な影響をおよぼしたなどという断定はすべきではない。むしろ、ナボコフの芸術と科学は、その方法の適用、すなわちナボコフ特有の才能の基本的特徴となっている心的機能を適用することで、双方が同じくらいの恩恵を受けたという仮説を検討すべきだろう。

一般性を検証する最上の方法が「差異を伴う反復」であることは、自然史学の常識である。通底する共通性があるとしたら、それは異質な対象に対して同じ心的アプローチを適用したからにほかならないという仮説を証明するためには、まず仮説が複数の事例に適用できなければならないし、それらの事例はさしあたっての背景が十分に異なっているのでなければ、引き出された結論を信頼するわけにはいかない。二〇世紀の偉大な知識人の中でも、正反対とまでは言わないまでも大いに異なると見なされている二つの領域で一人の人物がいずれの専門家としても大成功を収めた理由は（天才の称号を受けるにふさわしいレベルでの）心的アプローチの様式が基本的に一つだったことにあるという仮説を検証するとしたら、ナボコフ以上に適任の候補がいるとは思えない。異分野にまたがった成功の秘訣は、一方の分野での才能がもう一方にも好ましい影響を与えたからだという従来の説明よりも、整合的で基本的な心的ユニークさにあるとするモデルを証明できるとしたらどうだろう。その場合はナボコフをめぐる物語が、創造性にちがいはないということ、芸術と科学を区別する（双方非難の応酬まである）従来の態度はおかしい（少なくとも必然性はない）ということについて、重要な示唆が得られるかもしれない。

とりわけナボコフが声高に主張していたことがある（本人の言を真に受けなくてどうする）。自分の全作品に共通する特徴として、細部の正確さをなによりも大切に思うというのだ（先に引用した『アーダ』の一節がその好例）。評論家はみな、ナボコフのこの言葉に注目してきた（研究対象本人が繰り返し声高に述べた事柄に言及しないわけにいかないではないか）。それと同時に、細部の正確さに関する言及が芳醇にして細部まで計算し尽くされたナボコフの文体の特徴をとらえているだけでなく、蝶の種名記載に関する研究にも大いに役立ったのではないかとの指摘がなされてきた。しかし残念なことに、そうしたコメントの大半は、科学に対する嘆かわしい画一化（それも特に自然史学の記載という分野は「低い地位にある」という画一的イメージ）に従ったものである。おまけに、同じナボコフの業績でも二つの分野では、細部の正確さへのこだわりが正反対の質的貢献をしたはずだとの前提に立っている。つまり、やはり嘆かわしいことに、芸術と科学はまったく異なるジャンルで、しかも正反対の存在であるという従来の区別を強化するものでしかなかったのだ。そのようなディテールはナボコフの文学を芳醇なものとする一方で、彼の科学のほうは平凡で非創造的な「単なる」記載にすぎないとされている（これではまさに一本ごとの木の特徴だけを気にかけ、森全体を見ようとはしない凡人の典型だ）。この判断は、分類学者とは狭量で枝葉末節にこだわる人種だという画一化されたイメージによっていっそう強化される。たとえばザレスキは、ナボコフの鱗翅類研究をめぐる論考を次のように要約している（Zaleski, p.38）。

著作においても蝶においても、ナボコフはエクスタシーとそれ以上の何かを捜し求めた。それは、細部の礼賛、生きものの体と生き生きしたメタファーとの愛すべき結合に見つかった。……ナボコフは、文学の大家にして地味な研究の虫という役割にぴったりだった。

続けてザレスキは、ナボコフはコーネル大学の講義で「細部を、神聖な細部を慈しめ」という座右の銘を強調して学生をうるさがらせたと報告している。さらにはナボコフは、「高等な芸術と純粋な科学ではディテールがすべて」だと述べている。たしかにナボコフは、綿密な分類学の記載言語の微《び》に入り細《さい》に入る表現を、「分類学の記載における詩のごとき精密さ」（Zimmer, p.176 からの引用）という言い方で、それ自体が文学だとたびたび賞賛している。ナボコフはもちろん、科学的価値としての形態学的記載の正確さも称揚していた。パイク・ジョンソンに宛てた一九五九年の手紙では、自分の『詩集』のカバーデザイン案に対するコメントとして次のように書いている（Remington, p.275 からの引用）。

カラーで描かれた二頭の蝶が気に入りましたが、胴体がアリになっています。単純なミスをデザインでごまかすことはできません。うまいデザインを行なうためには、対象に関して完璧な知識を有している必要があります。もしこのようなありえない雑種を昆虫学者の同僚がたまたま目にしようものなら、私はとんだ笑いものにされてしまうでしょう。

私は、本エッセイを書くための準備として、ナボコフの文学作品中における蝶への言及すべてに目を通してみた。その結果として何よりも驚いたのは、形態、行動、分布などあらゆる細部で正確を期しているナボコフの情熱だった。詩的な表現やメタファー的な記述においてさえ、視覚的な印象へのこだわりが見られる。一九三〇年の短篇「オーレリアン」には、「キョウチクトウスズメ［蛾］は、翅を高速で震動させるため、流線型の体の周囲にかすかな後光のようなものが見えるのみである」との一節がある。少数の専門家（あるいはジンマーが書いたような総覧の読者）にしかわからない空想やジョークでさえ、厳密な事実に根ざしている。たとえば、ロシアで過ごした少年時代に自分は蝶の新種を発見していたと、ナボコフは思っていた。そこで英語で記載した短報を出版してもらおうと、その原稿をイギリスの昆虫学者に送った。しかしそのイギリス人科学者は、ナボコフが見つけた種はクレッチマーという名のドイツ人アマチュア収集家によって一八六二年に記載され、マイナーな雑誌に発表されていることを確認した。そこでナボコフは時節を待ち、『マルゴ』という小説でユーモラスな仕返しを仕組んだ（Zimmer, p.141からの引用）。「何年も後のこと、たまたまなんですが（このネタはあえて指摘すべきではないと思うのですが）、その蛾の最初の発見者の実名を、小説に登場する盲目の男に使うことで、私は仕返しをしました」

文芸評論家たちは、ナボコフの異常なほどの細部へのこだわりをときにたしなめている。それに対してナボコフは、例によって分類学への気の利いた（いささか謎めいてもいる）言及によってそうした非難に応えている。『ストロング・オピニオン』の中で、中傷者について、「属や科よりも亜種や亜属にもっと関心を示せと非難する」（Zimmer, p.175 からの引用）連中と述べているのだ（亜種や亜属は、種と属を細分化したカテゴリーに当たる。学名命名規約によれば、亜種や亜属といったカテゴリーは、便宜上は使用可能だが、実際には無用の存在なのだ。つまり、種を亜種に分ける必要はないし、属を亜属に分ける必要もない。それに対して属や科は、すべての生物に振り分けねばならない基本的で包括的な区分である。個々の種は一つの属に属し、属は科に属している）。

ナボコフは、自らの細部へのこだわりを擁護し、自然史学や文学だけでなく、あらゆる知的関心事へと一般化した。一九六九年のインタビューでは、細部への拘泥を一種の衒学《げんがく》趣味と断定した評論家をこき下ろしている。「自然の事物に関する知識や自然を語る言葉を衒学的と断定できる人の気が知れない」（Zimmer, p.7 からの引用）。ナボコフは、『アーダ』をフランス語に訳した私家版への注釈として、良き翻訳者が遵守すべき三つの規則をあげている。それは、翻訳する原語に関する深い知識、訳文となる言語での作家としての経験、そして（細かい第三の指令）「具体的なもの（自然のものや文化的なもの、花や衣類）を指す言葉を両方の言語で知っていること」（Zimmer, p.5 からの引用）の三つである。

ナボコフの蝶への言及に見られる主な特徴をジンマーが要約している（Zimmer, p.8）。「すべてが実在する蝶で、創作された蝶は実在する蝶の擬態である。しかも漠然とした蝶ではなく、特定の場所に分布する蝶で、行動も本物が行動するとおりに描写されている。したがって、描写されている一節の正確さを強調するというか、設定する上で役立っている」。ジンマーは、生物学への言及をナボコフ特有の美的要素と倫理的要素を伴う原理へと一般化している（Zimmer, p.7）。

小説家も自然史学者も、正確な比較観察の深い喜びを活用した。ナボコフにとって、自然の作品は芸術作品と同じだった。いやむしろそれは、現存するなかで最も偉大な芸術家である進化による深遠な芸術作品であり、シェイクスピアのソネットに相当する喜びであり、知的挑戦だったのだ。だからこそ、細部への果てしない集中と忍耐を伴う研究に値したのだ。

しかし、正確な細部には極めつきの価値があるというナボコフの信念が最もよく要約されているのは、一九四三年に書かれた短い詩「発見」だろう。

暗い絵画、玉座、巡礼が口づけする石
死滅するには一〇〇〇年かかる詩
しかし小さな蝶に付されたこの赤いラベルの
永遠性をまねるしかない

（ここでもやはり、いささかエリートぶっている上に――その生まれを考えれば無理もない――

決して与《くみ》しやすい相手ではないナボコフのこの詩を一般人が理解するには分類学に関する説明が必要だろう。博物館のキュレーターが赤いラベルを付けるのは、「ホロタイプ」標本だけと決まっている。つまり、新種として公式に学名を授けられることになった個体の標本だけなのだ。そのような規則が必要となったのは、分類学の研究に共通する状況ゆえのことである。後世の分類学者は、最初に種名を付けた分類学者は、本来ならば複数の種にまたがる標本をいっしょにしたことで種の定義を広げすぎていたことを発見する可能性がある。その場合、元の名前を保持する標本と、別の種に分けられて新しい種名が付けられるべき標本はどうやって選べばよいだろう。公式の規則では、ホロタイプ標本とされた種が元の種名を保持し、新しい別種と判定された標本には新しい種名が授けられる。つまり、人間の文化の産物で、自然界の本物の種のように永遠不滅の名前をもつものは存在しないと、ナボコフは言っているのだ。むろん、種は絶滅しうるが、かつて地上に居住していた正真正銘の自然集団に授けられた名前は永遠に残る。したがってホロタイプ標本は、不滅の物理的なものの最上の例となる。そして博物館の通常の手順では、ホロタイプ標本には赤い札が背負わされている)。

そういうわけで、ナボコフの二つの一見異質な経歴は共に、そのたぐいまれな知性と並はずれた技量を示す桁外れな資質に根ざすものなのだ。つまり、文学作品にも分類学的記載にも認められる精緻さと正確さという、脅迫的ともいえそうなこだわりであり、倫理的な原理と美的資質への保証と、なによりの基準として事実への妥協を知らないこだわりである。かくして科学と文学は堅固な実体という明白な領域と、たとえそれがいかに小さかろうと、人生や愛や価値観への指針にして重しとして、われわれが正確さというものに授ける価値でしっかりと結びついている。

この態度は、科学における一般的な信念と実践を表わしている（ただし、弱い人間のこと、必ずしも常に達成できるとはかぎらないが、少なくとも理想ではある）。科学のあらゆる領域のうちで、ナボコフが選んだ、微小で複雑な器官の分類学的記載という職業ほど、入り組んだ細部の重要性を高みに押し上げている分野はない。鱗翅類の体系学における有能な専門家という職務を果たすために、ナボコフは、細部へのあれほどの注目を受け入れ、自然が見せる無限の変容に対する大きな敬意を育《はぐく》むしか選択の余地がなかったのだ。

しかし、細部と正確さへのこのこだわりは、文学では不可避のことではない。そのため、ナボコフにとっては変えようのない技量と気質は、文学というもう一つの職業に適用されたところで、異例ではないにしても独特の味わいを醸し出させた。プロの分類学者としてのたぐいまれな素晴らしさが、作家として非凡にして（ナボコフの場合は）超越的な素晴らしさを生む土台を築いたのだ。結局のところ、膨大な細部が発する輝きが万人の文学的思考に火をつけるとはかぎらない。レオポルド・ブルームが人生におけるたった一日に経験した想念のめまぐるしい移ろいの事細かな描写についていけない人は多いが、その『ユリシーズ』を二〇世紀最高の文学と賞賛する人がいるのも事実である。私は後者に属する一人である。私はワーグナーのオペラ『パルジファル』も好きだし、ウラジーミル・ナボコフの作品も好きだ。私はいつも、心の中では分類学者なのだ。

正確さと複雑な細部ほど神聖にして魅惑的なものはない。石組みの一つひとつを愛《め》でずして、その構造の陰で流された血、労苦、汗、涙を理解せずして、城塞の価値を評価することができるだろうか。*

* 余談ながら、ナボコフはロシア語、英語、フランス語という三カ国語を操りながら育ったという事実を知るまで、私にとってナボコフはとんでもない謎だった。それは、当時のロシア上流階級ではふつうの状況だったのだそうだ。一〇代で『ロリータ』を読んだときも、第二の言語として英語を学んだ人がこれほどの言葉の達人になれるなんて、想像もできなかった。いや、実際なれはしないのだ。コンラッドの小説は素晴らしいが、外国語として習得した彼の英語は、生まれつき英語もしゃべっていたナボコフの流暢さには遠くおよばない。

入り組んだ細部の正確さと真正さの、実際的および事実としての価値だけでなく、美的および倫理的価値を強調するナボコフに、私は完全に同感する。そうした気持ちというか愛情は、万人を熱く駆り立てるようなものではないかもしれない（分類学者なら誰もが承知しているように、ホモ・サピエンスは単一種にしてはことのほか多様な変異を内包している）。しかしそのような基本的な美意識は、普遍的なものではないにしろ、かなりの割合の人を熱く駆り立てるし、人間の社会的、進化的遺産の中に深く埋め込まれている何かを喚起するにちがいない。このような一般論にあたる実話を一つ、披露させてもらいたい。首都ワシントンにある国立航空宇宙博物館の館長が、目の見えない人々を招待し、展示物をどうすればもっと喜んでもらえるかについて意見を求めたことがあった。この博物館には、ライト兄弟がキティ・ホークで初めて飛行に成功した複葉機や、リンドバーグが大西洋無着陸横断に使用したスピリット・オブ・セントルイスなど、歴史上名だたる飛行機が天上から吊されている。目の見えない人たちには文字どおり手の届かない展示である。館長はそのことを謝罪し、大きすぎて吊す以外に展示場所がないのだと説明し、その下にスピリット・オブ・セントルイスの縮尺模型を置いて触れるようにすれば喜んでいただけるでしょうかと尋ねた。訪問客たちはしばし話し合った後、素晴らしい回答をした。たしかに、縮尺模型があれば素晴らしいが、それはぜひとも本物の真下に置いてほしいというのだ。本物の美的、倫理的価値は、それに直接触れられるわけでなく、実物のオーラに包まれているという保証さえあればいいと要求するほど大きいとしたら、事実の真正さは人間にとってなくてはならないものであるということを、否定できないだろう。

この現実的で難しいテーマは、文学でぜひとも、それも特に、現代の若い学生たちに向けて強調されるべきである（エリート主義で妥協を知らないナボコフは先刻承知だった）。創造芸術の、基本的に反知性的な昔の流行が、私の記憶ではかつてないほどの勢いで現在も流れ込み始めている。教育や観察は、事実に即した細部への愛と、人間の業績や自然の驚異の記録を活用するために必要な知識と理解とを育むとされている。しかし、人間の創造力の真髄は、そうした教育や観察の厳密さとは対極にあるという甘い誘惑が流れ始めているのだ。

虚心坦懐に（ようするに教育されていない無知な心で）この世の知識と関心事を漫然と眺めれば、人生の意味や現実の構造に関する大いなる疑問への深い洞察がすぐにでも湧いてくるというよくある主張ほど、有害なナンセンスはない。事実に即した細部の正確さに宿るこの上ない美的、倫理的価値を強調するいちばんの理由は、ナボコフは先刻承知のように、作品についても創造性についても最高の芸術的センスを保ちたいなら、俗物根性という誘惑に打ち勝つ必要があるということなのだ。その証拠に、革命的刷新の成功は、基本的な技術の修行と理解するための教育を受けずとも自ずと生じると信じている人がいたら、ロンドンのテイト美術館にあるターナー・ギャラリーの最初の部屋（最初期の部屋）を訪れるべきである。古典的な透視画法や表現技法を徹底的に学んだ初期の作品があればこそ、ターナーは個人的な革新を遂げた世界へと前進できたことが理解できるはずだ。

徹底的な修行があってこその創造的な革新がありうるという図式（そんなことはないという俗物主義の主張の対極）を称揚するナボコフ流の主張は、創造的な芸術家よりも、科学者にとっておなじみの主張かもしれない。しかし、専門家として成功する上での鍵となるこの重要な主張は、科学の領域内でも積極的に宣伝されるべきである。思慮に欠ける科学者のなかには、細部へのこだわりは必ずしも創造性を生むことにはつながらないという偽りの主張を言い換える者がしばしばいるからだ。細部に対して脅迫的ともいえる愛情を抱いていたナボコフは、文学畑では偉大な才能を開花させたものの、科学畑では「地味な研究の虫」でしかなかったという、先にも引用したザレスキの勘違いはその典型である。

こうした主張の背景をなす誤った（表明されない）見解は、もし無意識にそう主張していることを指摘されれば否定するのが常なのだろうが、個々の才能にはかぎられた量の「素材」しかなくてそれは固定されているという前提に立っている。つまり、細部への精通に偏りすぎていると、その分、一般理論や総合的な感性に割かれる割合が減るというのだ。しかし、心的機能をめぐるそのようなばかげたモデルは、人間の創造性を容量の決まった器になぞらえる見当違いによるものである。ブタの貯金箱の中の小銭や缶の中のクッキーに心をなぞらえてどうする。

科学史に燦然《さんぜん》と輝く革命的理論家の多くも、詳細な証拠を徹底的に積み上げるタイプの人たちだった。ダーウィンは一八三八年の時点で自然淘汰説に思い至っていた。しかし、一八五九年になってようやく公表したときにその説が説得力をもちえたのは、生命史の進化論的基盤に関して、信用にたる第一級の事実を（量も多様さも十分すぎるくらいに）集成し終えていたからである（ラマルクの進化学説も含めて、それ以前の進化論の体系はみな、たとえ理論的に見て説得力があり複雑なものであろうとも、思弁に基づくものだった）。重大な発見の多くは、それまで無視されていた経験的な細部を偉大な理論家が尊重したからこそ、見つけ出され、説得力をもちえたのである。いちばん有名な例では、ケプラーによる惑星の長楕円軌道の発見がある。ケプラーがそれをなしえたのは、チコ・ブラーエのデータには、大半の天文学者が「十分な近似」と見なしていた円軌道からのわずかなずれがあることを見抜いただけでなく、チコの観測の正確さは信用できることを、ケプラーが知っていたからにほかならない。

科学者のなかには森を見ずに木ばかり見ていることで、細部に関しては一流の専門家なのに、もっと一般的な理論的問題に関してはほとんど関心がなかったり、取り組む技量のない人がいることは、私も否定しない。さらには、蝶の体系学に関するナボコフの仕事がこの範疇《はんちゅう》に入るものであることも否定しない。しかし私は、詳細な事項の記載にナボコフが執念を燃やしたことや、入り組んだ事実を慈しんだことで原則として理論の強化を妨げたという主張については、断固否定する。ナボコフが理論的問題に対して保守的な取り組みをしたことや、進化生物学の一般的な問題に取り組むことを渋ったのは彼特有の心理か育ちで説明できるものかどうか、私にはわからない。私たちに言えることは、世界の幅（科学の分野を含む）と幅広い多様な技量をそなえた人を収容する適切な場所に関するお定まりの文句を唱えることくらいでしかないと思う。

そういうわけで私は、ナボコフが細部を愛す一方で理論的問題への関心を欠いていたからといって、ナボコフを地味な研究の虫などと呼ぼうとすることに断固異を唱える。分類学という科学は、特定の生物グループの詳細にナボコフと同じ熱意を捧げ、こんがらかった細部からなる自然の泥沼から秩序を見つけ出す技量と「慧眼《けいがん》」を有する専門家を、謙遜《けんそん》なしに、常に讃《たた》えてきた。たしかに正直な話、ナボコフが生涯にわたって蝶の分類だけを追求していたとしたら、専門家集団のごくかぎられた範囲では大いに尊敬されていたかもしれないが、世界的に名を知られるということはなかっただろう。しかし、悪名や権力の付きまとうかぎられた領域で優れた功績をあげた専門家がいたとして、その人物を讃えるだろうか。結局のところ、マクベスがコーダの領主の座にそのまま甘んじていたとしたらどうだったか。尊敬される地位であり、悲惨な生涯と悲哀を背負い込まずにすんだことだろう。しかしもちろんそうだったとしたら、われわれはシェイクスピアの名作を楽しめなかったわけである。そういうわけで、ナボコフが自然史学に秀でていたことを祝おうではないか。そして、同じ心的技量と気質を別の楽しいことにも活用できたのも、喜ばしいことだ。

科学と文学に関するエピローグ

たいていの知識人は、科学と芸術の専門家どうしの対話に関心を寄せている。しかし、一般的な分類でいけば、科学と芸術は学問分野の対極に位置し、双方の当事者間の相互理解を図る機会こそがそのような対話の基本的背景にあるとされてもいる。そうだとすると、せいぜい望めるのは、固定観念を解消し、友情を切り結び（あるいは少なくとも中立の関係となり）、すべての教養人が共に行動を起こすことが要求されるいくつかの大きな問題を実行するために、対立点をしばし横に置いて一時的な協力態勢を整えるといったところだろう。

この二つの領域に属する「他者」という認識には、一群の固定観念が未だに尾を引いている。無視と偏狭ななわばり主義に発する恐れにすぎないが、それでも決してばかにできないイメージが未だはびこっているのだ。それは、科学者は感情を持たない実験屋であり、芸術家は尊大で非論理的で自分のことばかり吹聴するといったイメージである。対話をもつことはよいことではあるが、二つの分野とそれぞれにひかれる人々は、未だに真底異質な存在である。

私としては、押しつけの懇親会で偽りの友情を育ませるようなことはしたくない。この二つの領域は、選ぶテーマにおいても正当化のための方法においても、ほんとうにはっきりと異なっているからだ。科学の教導権（文字どおり教え導く権威）は自然界の事実関係に広くおよんでおり、宇宙の特徴を形成しているのはなぜこの事実で別の事実ではないのかを説明するために提案される理論の展開にもおよんでいる。一方、芸術と人文学の教導権が扱うのは、道徳、様式、美に関する倫理的、美的疑問である。自然界の事実である科学は、論理的にも原理的にも倫理的ないし美的解答を得ることはできない。したがってこの二つの領域はこれらの基準では分けられておくべきである。

しかし、両方の領域で働いているわれわれのような人間の多くは（たとえ片方に関してはアマチュアだとしても）、双方にまたがる統一感により、異質な対象に分かれてしまうというよりも、より深い類似性が構築されるような気がしている。人間の創造性は、異質な対象が要求する強調点のちがいが何であろうと、統合された複雑な要素として機能するように思える。表層をなすテーマのちがいだけに注目し、共通する手法を無視するとしたら、両者の根底にひかえる共通性を見誤ることになる。人間の創造的行為すべてに共通する事柄と特徴をきちんと認識しないかぎり、傑出した知性の重要な要素をいくつも見損なうことになる。そこには、知的テーマとして必要な想像力と観察（理論と経験）の相互作用という要素も含まれるし、心理学のテーマとしての美と事実との統合も含まれる。なぜなら、伝統的にいずれの分野も二重奏を演じる上で必要な相方を見下す傾向があるからだ。

それと、人間が行なうさまざまな活動の背後にある真髄を研究し理解したいと思うなら、「ちがいをもつ複製」という方法を活用しなければならない。人間の活動を統《す》べている普遍性を引き出すにあたっては、芸術と科学を実践する知的手法に見られる隠れた類似性を調べること以上のテストケースはないと、私は思っている。

ウラジーミル・ナボコフほど、この隠れた統一性の大きさをよく理解していた人はいない。ナボコフは、芸術と科学双方の領域で、完璧なプロとして別個の素晴らしさを発揮した。ナボコフは、文学の創作活動と昆虫学の研究は知能面と心理面で共通した基盤を有していると、しばしば主張していた。「インセクト（昆虫）」ならぬ「インセスト（近親相姦）」を扱った小説『アーダ』では、主人公の一人が、創造的衝動は一つであることと、選んだ対象の透徹した美しさについてみごとに言い当てている。「もしぼくが書けるとしたら」と、デーモンはつぶやく。「もちろんいくらでもたくさん、いくらでも情熱を込めて、いくらでも熱く、言葉としていくらでも近親相姦的に、芸術と科学は昆虫で出会うと書くだろうね」

ナボコフは、外的な存在と、科学的な細事に関する内的知識両方の美的感覚という自らの中心テーマに立ち戻り、一九五九年に次のように述べている（Zimmer, P33 からの引用）。「私は、蝶を見ることの審美的喜びと、それがどういう種かを知る科学的喜びとを区別できない」。ナボコフは、「分類学的記載における詩の正確さ」という言い方もしている。これは明らかに、芸術と科学は異質で対極的な領域であると人々に思い込ませているパラドクスを解消しようと意図した言葉であり、自らの文学的才能を存分に活用したものなのだ（争っている陣営を統一しようという、きわめて寛大で高潔なのに低く評価されがちな行為）。つまり彼は、自分が従事する二つの専門分野に共通の基盤を説明し、総合的な見解に欠かせない対をなす要素を例示しようとしているのだ。それは、聖書にある最古にして最高の理想、「智慧《ちえ》」とも呼べるものなのだ。そういうわけでナボコフは、一九六六年のインタビューでは、芸術と科学の境界を破壊すべく、それぞれの領域にぜひとも必要な素晴らしいものは、相手方にあっても素晴らしいものでなければならないということであると述べている。なぜならば、結局のところ、真理は美であり、美は真理なのだから。私は、本エッセイのタイトルとして、ナボコフの言葉以上のものを思いつけなかった。したがって、それを引用するに如《し》くはない。

精密に描く喜び、カメラルシダという沈黙の至福、分類学的記載における詩の正確さなどは、門外漢にはまったく無縁な新しい知識を集める者に与えられるスリルの芸術的側面にあたる。……想像力なき科学も、事実なき芸術もありえない。

引用文献

Boyd, B. 1990. *Vladimir Nabokov: The American Years*. Princeton, N.J.: Princeton University Press.

Gould, S. J. 1983. The Hardening of the Modern Synthesis. In Marjorie Greene, ed., *Dimensions of Darwinism*. Cambridge, England: Cambridge University Press.

Johnson, K., G. W. Whitaker, and Z. Balint. 1996. Nabokov as lepidopterist: An informed appraisal. *Nabokov Studies*. Volume 3, 123-44.

Karges, J. 1985. *Nabokov's Lepidoptera: Genres and Genera*. Ann Arbor, Mich.: Ardis.

Kinsey, A. C., W. B. Pomeroy, and C. E. Martin. 1948. *Sexual Behavior in the Human Male*. Philadelphia: W. B. Saunders.

Provine, W. 1986. *Sewall Wright and Evolutionary Biology*. Chicago: University of Chicago Press.

Remington, C. R. 1990. Lepidoptera studies. In the *Garland Companion to Vladimir Nabokov*, 274-82.

Robson, G. C., and O. W. Richards. 1936. *The Variation of Animals in Nature*. London: Longmans, Green & Co.

Zaleski, P., 1986, Nabokov's blue period. *Harvard Magazine,* July-August, 34-38.

Zimmer, D. E. 1998. *A Guide to Nabokov's Butterflies and Moths.* Hamburg.

3章　ジム・ボウイの書簡とビル・バックナーの股間

チャーリー・クローカーは、元はジョージア工科大学フットボールチームのヒーローだったのに、今は新アトランタビル――安っぽい無機的なオフィスビルで、今や空き室だらけの金食い虫――の破産したばかりの開発業者という立場にあった。クローカーは、自分の世界が崩壊したことで、狭量な自我を駆り立ててくれる文化の一つから、霊感を求めようとした。それは、元々は(「両親が所有していたことをチャーリーが記憶している唯一の本」である)児童書の挿絵として描かれた、N・C・ワイエスの「アラモでメキシコ軍と戦うために死の床から起きあがったジム・ボウイ」である。チャーリーは、「彼の全生涯のうちでいちばん輝いていた頃」に、この行動の人の典型的な姿を描いた絵を買うために、サザビーズのオークションで一九万ドルをはたいたのだ。そして彼は、現代の成功者にとっては最高の神殿である自家用ジェット機のゴテゴテの机の上に、そのお宝を載せた。

トム・ウルフは、この南部の大立て者の原型が自分に霊感をもたらす絵から力を引き出すさまを、（小説『成りあがり者』の中で）次のように描写している。

そしてジェット機が轟音を上げて飛び立って高度を上げつつある今、チャーリーはこれまでも何度もそうしたように、ジム・ボウイの絵に意識を集中した。……には死期が迫っていた。片方の肘に身を預けた格好で、もう片方の手にはあの有名なナイフを握り、部屋に押し入ってきたメキシコ人兵士の一群に向けて振りかざしていた。……太い首と顎《あご》をメキシコ兵に向けて突き出し、最後まで大胆に敵をにらみつけるボウイの姿こそが、この絵を傑作にしたのだ。死に瀕《ひん》しても決してあきらめるなと、その絵は語っていた。……不屈のボウイの姿を見つめ、勇気が吹き込まれるのを待った。

国家には英雄が必要だ。ジム・ボウイは、デイヴィー・クロケットほか、およそ一八〇名のテキサス義勇軍と共にアラモの戦いで命を落とした。それを率いていたのは弱冠二六歳の弁舌巧みな弁護士ウィリアム・B・トラヴィスだった。トラヴィスは、殉教精神に燃えていた上に、恐れを知らない男だった。この気質は、彼が指揮官として下した判断がどうであろうと、決して見くびられるべきものではない。いや私としては、アラモの英雄というボウイの正統な立場に異議を差し挟むつもりはいっさいない。ただし、チャーリー・クローカー所有の絵に描かれた伝説の誤りを暴くと同時に、秘密でもなんでもないのだが、伝説のせいで注意を払われないまったく別の理由で賞賛の念は湧くものだと示唆することで、ボウイのありがたみを解釈してみたい。

正しいとされている伝説の誤りを暴く行為は、ある種の知的楽しみとして好まれる。その理由は、文字どおりの殴り合いそのものは御法度のコミュニティ内において攻撃的に先んじることが、いかにも人間的な感情として楽しいし、細部を訂正することは純粋な喜びであるからだ。しかし、そのような正体暴露は、人間の理性に潜む重大な落とし穴を認識し是正するという、最高レベルの学術目的にかなう行為でもある。私がこんなにも大仰な言い方をする理由を述べよう。

脊椎動物の脳は、パターン認識用に微調整された装置として働いているように思える。進化によってたった一種の生物の脳という器官に人間型の意識が授けられた時点で、パターンを探すという旧来の特性は、そうしたパターンから物語を紡ぎ、周囲の世界をそのように表現される物語形式で説明する性癖へと発達した。おそらくは個々の集団の文化的特異性を超越した普遍的な理由から、人間は物語を限定されたテーマと経路に沿って構築する傾向がある。しかもこの傾向は、そのようにして紡がれる物語が、複雑怪奇な世界の中で送っている人生の混乱状態（それと往々にして悲劇的状況）に有用かつ納得のいく意味を授けることで助長される。

言い換えるなら、物語は、きわめて限定された好ましい方向にしか「展開」しない。それは、二つの重大な要求を満たす必要があるからだ。一つは定向性というテーマ。出来事をつなぐ糸は確固たる理由に基づいて順序正しく整然としたものでなくてはいけない。前後左右と無目的にさまよったあげく、どこにも行き着かないようなものではいけないのだ。もう一つは、ある種の動機づけ、結果がどうあれ、物事を進行させる確たる理由の存在である。そうした動機づけは、自分たち自身の種が登場する物語を希求する人間の意志に根ざすものなのだろう。もっとも、意識をもたない生きものや無機的な物体をめぐるお話も、勇猛さ（あるいはアンチユートピア物での恥ずべき意図）の代理となるはずである。なぜなら、進化の原理のおかげで、生物の複雑さは一般に増加する定めにあるし、熱力学の非情な原理のせいで、太陽はいずれ燃え尽きる定めにあるからだ。ようするに、単純化を恐れずに言うなら、人はパターンを定向的なものとして説明したがり、雄々しきものとして原因を説明したがる生きものなのだ。そういうわけで、すべての物語に共通するパターンと原因という必須の要素は、人間の心が欲する偏った解釈の枠組みに収められてしまうのだ。

私は、こうした必要条件をそなえた取って置きのお話の一群を、「規範的な物語」と呼ぶことにする。人間の話であれ、生きものの話であれ、宇宙の話であれ、どんな歴史でも規範的な物語として語りたがる強い性癖が人間にはある。その性癖は、ホモ・サピエンスの弱点をさらすという点で滑稽に見えるということはあるにしても、精神と物質という二つの属性が、基本的には無害な性向を、時間と共に展開する出来事を理解したいという願望を大いに狂わせる根の深い偏見へと昇格させないかぎりは、科学にとってさしたる問題にはならないはずである（時間的な系列を説明するという作業は、科学のかなり多くの分野の主要な仕事である。地質学、人類学、進化生物学、宇宙論などといった、いわゆる「歴史科学」と呼ばれる分野がそれである。したがって、「規範的な物語」という誘惑が歴史的経緯の一般的な理解のじゃまをするとしたら、「科学」と呼ばれる営為の多くは、手強い妨害の下で苦労させられることになる)。

物質に関して言えば、この複雑怪奇な世界に見られる多種多様なパターンと系列が一見すると秩序が整っているように見えるのは、ランダムな体系の中でのくじ運に負うところが大きい。たとえばコインを五回投げて表が連続五回出る確率は、平均すると三二回の試行に一回の割合である。夜空の星がパターンを形成しているのは、天の川銀河の一般的な形状が課す制約の中で、地球が占める空間的位置に関して星が十分にランダムに分布しているからである。星が完全に均等に分布しているせいで、いかなるパターンも見つけられないとしたら、決定論的な秩序を説明する、明らかにあり得ない、それこそ破天荒な規則が必要となる。そういうわけで、人間の心はパターンをなんとしてでも見つけたいというほとんど抗しがたい衝動に従うせいで、見つけたパターンを少数の規範的な物語に押し込めて説明したがるものだとしたら、秩序がもたらされる原因(その多くはランダム性)を求める試みは挫折させられることになる。

精神に関して言えば、あるパターンをランダムではない通常の理由のせいにできる場合でさえ、規範的な物語の誘惑に負けて、記録された出来事を説明するための数あるもっともな仮説のうちのごく少数のみを受け入れてしまい、原因の多様さと本質を理解できない場合が多々ある。さらに悪いことには、世界には多様さが充満し混沌《こんとん》を極めているせいで、すべての事象を観察することはかなわない。そのため、規範的な物語の魅力に目が眩み、見えているはずの重要な事実をたやすく見損なってしまい、苦労して記録した情報を歪めたり誤読したりする。つまり一言で言えば、規範的な物語は、そうした典型的なお話の概略と必須の要素を正当化するような、限定的で歪んだ経路へと事実を都合よく「押し込んで」しまうのだ。そのせいで、明々白々の重要な細目から注意がそらされる一方で、あらかじめセットされた心のチャンネルに他の事実を押し込めることになり、それらを誤読してしまう。その結果、実際に起きたことは記憶の底に留めていたとしても、誤読が避けられないことになる。

本エッセイでは、アメリカ史の二大伝説において、重大な情報が規範的な物語に仕立てられることで、意外なことではないが、その意味が取り違えられたり無視されていることを明らかにしたい。その伝説とは、ボウイの書簡とバックナーの股間という、エッセイのタイトルにも採用した奇妙な（音韻的には最高の）取り合わせである。次いで、その一般的なメッセージを拡張し、規範的な物語の誘惑は歴史科学という領域ではよりよい理解を一貫して妨げる最大の障壁として作用することについて論じるつもりである。歴史科学は、人間の知的活動領域としては最大級にしてきわめて重要な分野であるだけに、この作用がおよぼす影響は大きい。

ジム・ボウイの書簡

「すべての兄弟は勇敢にして、すべての姉妹は貞節なり」という規範的な物語が、明々

アラモの戦いでのジム・ボウイの死の伝説を表わした絵画。横たわり死に瀕しながらも、ボウイは最期に数人のメキシコ人兵士を殺している

白々重大な証拠をいかに見えなくしてきたか（このおなじみの引用の初出は、一六七三年にこの世を去り、今はウェストミンスター大聖堂に眠っているニューカッスル公爵夫人の墓碑銘である）

テキサス州サンアントニオのアラモ砦は、要塞として建設されたものではなく、スペイン人によって一八世紀に建設された布教所だった。現在のアラモ砦には、メキシコのサンタ・アナ将軍の攻撃で命を落としたテキサス守備隊ゆかりの品々が展示されている。メキシコ軍は守備隊の一〇倍の勢力で、二週間近くにおよぶ包囲を経て一八三六年三月六日に総攻撃を仕掛けた。この防衛戦と討《う》ち死にがテキサス軍を奮い立たせた結果、それから二カ月を経ずしてサム・ヒューストン将軍率いる軍隊が四月二一日のサンジャシントの戦い

でサンタ・アナ将軍を捕虜にし、将軍の命と自由と阿片容器の返却と引き換えにテキサスの独立を認めるよう将軍に迫った。

アラモ砦の展示は、「テキサス共和国の娘」なる団体によって設置され維持管理されている。そのため、そのような施設で国立公園局が提供している公平な（私見では一般的に素晴らしい）展示の水準に比べると、当然のごとく偏ったもので、これから紹介するように伝統的なお話を踏襲している（メキシコにある展示は、これまた当然のごとくこれとは異なっているが、あちら側から見た伝統的な説明である点では同じである）。ここではボウイとトラヴィスの関係に的を絞ろう。それというのも、規範的な物語に対する私の疑念は、ボウイがしたためたみごとな書簡に注目した結果だからである。その書簡はアラモ砦の目立つ場所に展示されているにもかかわらず、公式の場では奇妙なほど無視されていて、ほとんど存在しないに等しい扱いを受けている。

一八三五年の一二月、サンアントニオは、コス将軍指揮下のメキシコ軍と壮絶な戦いを演じたテキサス軍によって攻略されていた。一八三六年一月一七日、サム・ヒューストンは、ジム・ボウイほか三〇名に対してサンアントニオに入ってアラモ砦を破壊した後、テキサス軍をもっと防御しやすい場所まで退却させるよう命じた。しかしボウイは、状況を分析した上で、戦略上と象徴的な理由からその命令に逆らい、アラモ砦の守備を固めることにした。ウィリアム・B・トラヴィスの指揮下にある三〇名が二月三日に到着したことで、ボウイの決定は強化された。

しかし、二人の指揮官はまったく異なるタイプの人間だった。ボウイは、四〇歳の大酒飲みの勇猛果敢にして独立心旺盛な有名人で、経験も豊富だった。一方のトラヴィスは、二六歳の高慢ちきな問題児だった。辺境の地テキサスで一旗あげようと、妻と財産をアラバマに残して冒険の旅に出た男だったのだ。二人の関係はうまくいくはずがなかった（メキシコは、土地を耕し、一八二四年に制定された憲法に忠誠を誓うことを条件に、テキサスの荒野への入植を歓迎していた。しかし、数を増して多数派となった非ラテン系の白人が、規制を欲する気持ちと自由を愛する心という矛盾する動機に駆り立てられて反乱を起こした。メキシコのサンタ・アナ大統領が、憲法に保障された権利を徐々に廃止したことに怒りが爆発したのだ）。

　ボウイは義勇兵を指揮し、トラヴィスは「正式」な軍隊を指揮していた。義勇兵の投票では、ボウイが引き続き指揮を執ることに圧倒的な支持が集まっていた。そこで二人の指揮官は、すべての命令に二人が承認を与えるという奇妙な取り決めをした。だが、その取り決めも、メキシコ軍による包囲が開始された二月二三日の直後、ボウイが肺炎の末期症状とその他さまざまな病気のせいで床に伏してしまったことで効力を失った。その後は、トラヴィスが全体の指揮を執ることになったのだ。実のところ、チャーリー・クローカーが入手した絵がどうあろうと、メキシコ軍が砦に踏み込んだ三月六日の時点では、ボウイは昏睡状態か、すでに死んでいた可能性さえある。伝説にあるように、拳銃を手に（仰向けになったまま）肘で体を支え、最後の抵抗をした可能性もなくはない。しかしそれにしても、かたちばかりの最後の抵抗しかできなかったはずであり、伝説のボウイナイフをもってしても、メキシコ兵の銃剣に遠くおよばなかっただろう。

アラモ砦の勇猛果敢な抵抗を讃える規範的な物語は、二つのエピソードからなっている。いずれも主役はトラヴィスで、一つは信頼できる歴史家なら誰もが伝説と認めるものであり、もう一つは、テキサスの小学生ならば誰もが知っている感動的な手紙に基づく話である。伝説のほうに関して言えば、援軍が期待できないことを悟り、武器を取ってアラモ砦を守り抜こうとすれば全滅は免れない(サンタ・アナは、無条件降伏をしないかぎり慈悲をかけることはないため)ことを自覚したトラヴィスは、守備隊を集め、砂の上に一本の線を引いたという。砦を死守することを志願した兵はその線をまたがせて自分の側に来させる一方で、臆病者は壁を乗り越えて包囲網をかいくぐって逃げることを許したのだ(一人の男が不名誉な脱出をした)。この感動的な伝説では、すでにベッドから起き上がれなくなっていたジム・ボウイは、仲間に頼んで、自分が横たわるベッドごとその線を越えさせたという。

おそらく、トラヴィスはそこで演説をぶっていてもいいはずなのだが、その場に居合わせて生き延びた者(何人かの女性と一人の奴隷)がその物語を伝えたという記録はない(このお話は、どうやらアラモの戦いから四〇年ほどたった後に誕生したようだ。トラヴィスが許可した逃走の選択をした男の話に端を発しているのだろう)。

有名な手紙に関して言えば、トラヴィスの書状を涙せずに読める者はまずいないだろう。なにしろ、アラモ伝説をほとんど信じない歴史家でさえ、「テキサス人と世界中のアメリカ人」宛とはなっているが、増援部隊を求めて(メキシコ軍の防御戦を突破した)伝令が届けた二月二四日付の手紙には賞賛を惜しまないほどなのだ（たとえばベン・H・プロクターは、「アラモの戦い」と題されたパンフレットで、トラヴィスは「利己的で傲慢でうぬぼれ屋で、自分の運命にばかりご執心で、栄光と個人的な使命ばかり気にかけている……あらゆる面で困ったやつ」だと決めつけつつも、この書状ばかりは「歴史に残る素晴らしい書簡であり、世界中の自由賛美者の宝物」であると評価しているほどなのだ）。

私は今、サンタ・アナ率いる一〇〇〇名以上のメキシコ軍に包囲され、二四時間連続の砲撃にさらされているが、一名の兵士も失ってはいない。敵は無条件降伏を要求しており、応じなければ、砦陥落後、守備隊の全員を処刑すると脅している。私は、その要求に砲撃で応えた。われらが旗は、今も砦の壁ではためいている。私は、降伏も退却もしない。そこで私は貴下に対して、自由と愛国心とアメリカ人の気質にかなうあらゆるものの名の下に、大至急、応援に駆けつけるよう要請する。敵は日毎に数を増しており、四、五日中には間違いなく三、四〇〇〇名に達すると思われる。もしこの要請が聞き届けられないならば、私は可能なかぎりもちこたえ、自らの名誉と国の栄誉となることを決して忘れない一兵士として死ぬ覚悟である。**勝利かさもなくば死を。**

わずか三〇名という小部隊が援軍としてアラモ砦に駆けつけたものの、その英雄的行為も大砲と銃剣の餌食になるばかりで、形勢を好転させる足しにはならなかった。じつは、形勢を好転させうる数百名を上回る兵士が近くのゴーリアッドに駐留していたのだが、未だに激しい歴史論争の的となっている複雑な事情からトラヴィスの応援には駆けつけなかった。三月六日に行なわれたサンタ・アナの総攻撃により、テキサス軍兵士は全滅した。通常の伝説によれば、男はみな戦闘で命を落としたことになっている。しかし、決定的ではないがかなり有力な証拠によれば、六人の男が最後の最後に投降したものの、サンタ・アナの命令によってあっさりと処刑された可能性がある。その六人の中にデイヴィー・クロケットが含まれていた可能性があるせいで、この話を真実と断定したくないという事情もあるようだ。

私は、アラモファンの一人で、サンアントニオのその場所を何度も訪れた人間として、アラモ砦のもう一人の指揮官であるジム・ボウイの手紙という重要な証拠に長らく頭を悩ませてきた。それは包囲戦のまったく別の側面を教えてくれているように見える手紙であり、公式伝説とは合致しない上に、かの聖地に関する公式説明にはいっさい登場しない。ボウイの手紙は、いわゆる「堂々と隠され」ている。なにしろ、常設展示のメインホールに設置されたよく目立つ専用ガラスケースに収められているのだ。この、「堂々と展示されているのに完全に見逃されている」という奇妙な状況が、かれこれ二〇年も私の好奇心をそそってきた。私は、過去三回のアラモ砦訪問のたびに、立派なギフトショップで売られている戦いの解説書をすべて購入してきた。そのすべてを隅から隅まで読んだ結果、ボウイの手紙は、その存在は認識されているものの、たいていの記述ではじつにあっさりと片づけられていると断言できる。

ここでトラヴィスの有名な手紙の文句を検討し、包囲戦の状況を補完してみよう。手紙には、「敵は無条件降伏を要求しており……私は、その要求に砲撃で応えた」とある。まあ、基本的には問題なさそうだ。サンタ・アナが二月二三日に軍隊を引き連れて町に入り、包囲を開始した際、将軍はサンフェルナンドの教会の塔に深紅の旗を掲げた。それは即座の降伏を要求する合図であり、拒否すれば皆殺しを意味していた。それに対してトラヴィスは、もう一人の司令官に相談することなく、アラモ砦の最大の大砲である一八ポンド砲を発射して応えた。むろん拒絶の合図であり、その翌日に彼が書いた有名な手紙の内容と矛盾していない。

ところがそこから、公式の伝説を脅かすやっかいな事情が登場する。サンタ・アナは、公然と強硬な降伏要求を提示し、妥協のそぶりも見せなかったということになっているが、多くの証拠が、細部こそ異なるものの大筋ではみな等しく、アラモ守備隊との交渉の余地を残した和平案を提示したことを教えている（たとえサンタ・アナがそういう提案をしなかったにしても、ボウイはメキシコ軍が和平案を提示したと、理由はどうあれ考えていたという否定しようのない事実から、公式伝説は手痛い打撃を受ける。サンタ・アナ軍が白旗も掲げたことを示すさまざまな証拠もある。これも和平交渉の合図なのだが、それが故意か偶然なのか、あるいはトラヴィスが大砲をぶっ放す前だったのか後だったのかははっきりしない。あるいは、メキシコ兵が和平交渉を促す正式な召集ラッパを吹いたという説もある）。

いずれにしろボウイは、トラヴィスの性急な虚勢と、空威張りにすぎない大砲発射が招く逆効果に激怒し、震える手でスペイン語の手紙を書いた（ボウイはすでに病んでいたものの、気力は保っており、指揮を執る力も残していた）。その「見えざる」手紙は、公式伝説とは矛盾するもので、だからこそアラモ砦の立派な展示ケースの中に隠されている（次に引用するのは、C・ホープウェルが書いた伝記『ジェイムズ・ボウイ』に載っている手紙の英訳全文である）。

塔の上に深紅の旗が掲げられたとき、砦の大砲が発射され、その直後に貴下の軍隊が和平を提案したと知らされたものの、大砲が発射される前の時点で和平の提案があったとは思えません。そういうわけで私は、貴下が和平を提案したのはほんとうなのかを知りたいと思い、副官であるベニート・ジェイムズに、貴下とその軍隊も尊重してくださることを期待し、白旗を持たせて派遣するものであります。神とテキサスのために。

私は、この手紙の意味を大げさに解釈したいとは思わない。もしかりにボウイが指揮を執り続けられるほど元気で、サンタ・アナが交渉に応じていたとしたら、結果が違っていた可能性は大きいとは言いがたい。戦略的にはいかなる意味もない虐殺を回避させ、結果として一八〇名のテキサス人の命（それとおそらくその二倍の数のメキシコ人の命）を救うことになったかもしれない幸福な結末を期待させるには、いくつかの不確定要素がある。たとえば、ボウイはその手紙において最適な外交交渉はしていない。結語として「神とテキサスのために」などと書いていること一事をとってもそうだ。当初ボウイは、「神とメキシコ連邦政府のために」と書いていた（一八二四年憲法への支持と以前のメキシコ政府への忠誠を示すことになる）。ところが、「メキシコ連邦政府」を線で消し、その上に「テキサス」と書きなおすという、けんか腰の姿勢を示すのみに終わっている。

それ以上に重要なのは、サンタ・アナはボウイの使者を公式に拒絶し、テキサス人が無条件降伏をしないかぎり殲滅《せんめつ》させるとの公式見解を送り返した点である。さらには、アラモ守備隊が戦闘を交えることなく降伏していたとしても、テキサス人の命が永らえられたかどうかは怪しい。結局、アラモ砦の陥落から一カ月も経ずして、サンタ・アナはゴーリアッドで降伏した何百人かの捕虜全員——まさにトラヴィスが期待した援軍——を死刑に処したのだ。

二人の司令官が反目し合い混乱を来《きた》す中で、トラヴィス自身も使者を派遣し、ボウイと同じ回答を得た。ただし一部の説では、もしテキサス人が一時間以内に武器を捨てるなら、表向きは「無条件」降伏ではあるにしろ、命だけは助けてやるという「非公式」な条件が付いていたという。ようするにこれが戦争というものの常で、優秀な指揮官は、確実な死という「栄光の罠」を避けねばならないという倫理的かつ戦略的責任感と、かっこいい声明を発する必要性とのバランスを計る。有能な司令官たるものは常に、公式の声明と個人的取引との決定的なちがいを理解しているものなのだ。

そういうわけで私としては、もしボウイが指揮を執れるほど元気だったとしたら、水面下の交渉によって何らかの栄誉ある解決が図られていたにちがいないと思いたい。サンタ・アナとは共に歴戦の勇士であり、表面的には敵意を抱きつつも、互いに尊敬の念を抱きつづけていた点を考えても、そう期待できる。その一方で、自己顕示欲の強い成り上がり者のトラヴィスのことを、サンタ・アナがどう考えていたかは想像の範囲でしかない。実現しなかったこちらのシナリオでは、勇敢な守備隊の大半は無事に生き延びたはずである。道徳と人間の尊厳に対する自然な感情に最もよくかなう解決策はいかなるものだろう。それは、四〇〇人以上の兵士が戦いでいたずらに命を失い、尊い命よりも空疎な武勇を讃えるアメリカ人好みの伝説を提供することよりもあっぱれなはずである。あるいは、英雄伝ではないが強い信念に基づく実際的な解決のほうが、勇ましい物語は残さないものの、数百人もの若者が天寿を全うし、戦争の悲惨さを孫たちに語って聞かせられる点ではるかにすごくはないだろうか。

最後に、こういう話ではめったに語られることのない、アラモ砦の注目すべき事実を一つ。それは、賢明な指揮官は、無意味な殺戮《さつりく》を避けるための非公式の合意に達するのが常だという主張を強く支持する逸話である。アラモ砦陥落の三カ月前にあたる一八三五年一二月、コス将軍はまさに同じ場所、すなわちアラモ砦に立てこもってテキサス軍を相手に最後の抵抗をしていた。ところが職業軍人であるコスは、白旗を掲げ、テキサス軍への降伏に合意した。コス将軍は降伏して武装解除し、兵士を率いてリオグランデ川を越えて南に退却し、二度と戦わないと誓ったのだ。

コスはその誓約に従ってリオグランデ川を越えたのだが、サンタ・アナが軍務への復帰を要求した。そのためコス将軍は戦線に復帰し、一群を率いて三月六日にアラモ砦を奪還した。トラヴィスならばサンジャシントでこの勇猛な人物の首をはねたにちがいない！

ビル・バックナーの股間

「もしあれがなかったら」という正伝が、誰もがすぐに思い出せる事実を、おもしろい筋書きにするためにいかに不正確な話へとねじ曲げるか

ボストン・レッドソックスのファンならばみな、豆と鱈《たら》のふるさとボストンに伝わる「バンビーノの呪い」と称される悲しい物語を諳《そら》んじられるはずだ。ボストンを根城にする大リーグチーム、レッドソックスは、二〇世紀初頭にたくさんの地元ファンを獲得し、フランチャイズとしては大成功を収めた。しかし、レッドソックスが最後にワールドシリーズで優勝したのは一九一八年のことだ。それ以降、いくつものチャンスを逃すたびに、ボストンのファンは贔屓《ひいき》チームが忌まわしい呪いにかかっていることを確信してきた。その呪いは、ボストンのオーナーだったハリー・フレイジーがチーム最高の選手――野球史上最高の左ピッチャーにして打者転向後は不滅の記録を残した選手――をあっさりと放出した一九二〇年一月に端を発している。しかもその理由が、ブロードウェイのショービジネスへの投資で生じた借金を穴埋めするための金銭目的で、トレードの見返り要員がいたわけでもなかった。それ以上に許せないのは、フレイジーがボストン

の英雄を売り渡した相手が、よりによってにっくき敵のニューヨーク・ヤンキースだったことだ。その選手とは、すぐに打撃王の称号を与えられたバンビーノことジョージ・ハーマン・（ベーブ）ルースその人である。

レッドソックスは、一九一八年以降、四度（一九四六年、一九六七年、一九七五年、一九八六年）のワールドシリーズ出場を果たし、プレーオフは何度も経験した。ところが毎回、じつに悔しい負け方をしてきた。あと少しで勝利をつかむところまで来て、自ら墓穴を掘るという負け方ばかりなのだ。宿敵セントルイス・カージナルスを相手にした一九四六年のワールドシリーズ最終戦では、敵の一塁走者イノス・スローターがシングルヒットで一気に生還し、惜敗した。一九七五年は、バーニー・カルボのスリーランホームランで同点に追いつき、延長に入ってカールトン・フィスクのさよならホームランで第六戦を劇的に勝利した。そのときフィスクが打ち上げた大飛球は、飛距離こそ十分だったものの、レフトのポールぎりぎりの当たりだった。それをフィスクは右に曲がれとばかりに両手で煽《あお》り、ついに物理法則に打ち勝ったのだ（そのとき、深夜を過ぎたフェンウェイ球場には、「ハレルヤ・コーラス」のオルガン演奏が高らかに鳴り響いた）。しかし結局、最終第七戦では敗れてしまった。

その後も万事そんな調子だった。それでもすべてのレッドソックスファンがこぞって挙げる、信じられないことが起こった最悪の瞬間は、一九八六年のワールドシリーズ第六戦に凝縮される。それは、ありそうな因果性をすべて否定する敗戦であり、だからこそ紛れもない呪いの仕業とされているのだ（私はレッドソックスのファンではないが、そんな私でさえ、この話題が眼前で語られるのは忍びがたい。それほど悲痛な出来事なのだ！）。そのとき、レッドソックスは三勝二敗で、一九一八年以来のワールドシリーズ優勝まであと一勝すればいいだけだった。しかも第六戦は延長一〇回裏の守備に入った時点で二点のリードと楽勝ムードだった。ピッチャーはあっという間にツーアウトを取った。レッドソックス関係者は、そこでシャンパンの栓を覆うアルミホイルを剝《は》がしたはずである（ただし例の呪いを考えて、まだ栓を抜くところまではいっていなかっただろう）。ニューヨーク・メッツの球場関係者は、気が早いことに、スコアボードの電光掲示板に「おめでとうレッドソックス」という文字を流していた。しかし、「レッドソックス共同体《ネイション》」として知られる熱狂的なファンの多くは、なおも恐れおののきながらテレビの画面を食い入るように見つめていた。

そして、想像もしていなかったほど残酷なかたちで呪いが降りかかった。連続ヒットと投球ミスと審判のひどいジャッジが重なって、メッツに一点差まで追い上げられた（ここに至ってもまだ、たとえバッティング投手でも、いやあなたでも私でも、アウトをあと一つ取って優勝できそうなものじゃないか！）。ここでピッチャーがボブ・スタンレーに替わった。いい選手だが運に見放されていたとしかいいようがない。なんと暴投をして、同点に追いつかれてしまったのだ（私も含めて、あれはピッチャーの暴投ではなくキャッチャーのパスボールだと判定すべきだったという意見もあるが、そんなトリビアな論争はさしあたって置いておこう）。さあこれでツーアウト二塁で同点となり、バッターのムーキー・ウィルソンがバットを構えた。

一塁手はベテランのビル・バックナー。輝かしい記録をもつ選手だったのだが、本来ならば守備についているべきではなかった。なぜなら、厳しい戦いだったシーズン終盤にバックナーが脚を痛めていたこともあって、ここ何週間か、レッドソックスのジョン・マクナマラ監督は、自軍リードの試合では必ずと言っていいほど守備がための場面でバックナーをベンチに引っ込めていたからだ。バックナーは、膝を曲げることもままならない状態だった。しかし温情家だったマクナマラ監督は、待ちに待った偉大な瞬間が到来するグラウンドに、レギュラー選手を立たせていたかった。そういうわけで、バックナーが一塁の守備についていたのだ。

ああ、野球ファンなら誰でも知っている結末を書かねばならないかと思うとじつに辛い。シンカーを決め球にしていたスタンレーは、最後に投げるべき球を実際に投じた。バッターのウィルソンが一塁のぼてぼてゴロしか打てないような絶妙のシンカーを投げたのだ。これならば簡単にアウトになって延長一一回に入り、レッドソックスが再び突き放して大勝利を収める見込みも大いにあった。ところが打球はバックナーの股間を抜けてライト前にころがり、二塁にいたレイ・ナイトがサヨナラ勝ちのホームを踏んだ。打球がころがった先は、バックナーの脚の横でもなく、身を挺して飛びついて差し出したファーストミットの先でもなかった。まさに股間だったのだ！

最終戦の第七戦は問題外だった。もちろん空元気は出していたものの、レッドソックスが勝てると思っていたファンなどいなかった（まさかのまさかとは願っても、現実の勝利を予想すること

野球史における最も悲痛な一瞬（このキャプションを書くだけで、私はわなないてしまう）、ムーキー・ウィルソンのぼてぼてゴロがビル・バックナーの股間を抜けたとき

など論外だった）。実際、レッドソックスは負けた。

こう書いただけでも私の感情が見え隠れしているかもしれないが、私としては単純に事実を提示したつもりである。この物語は、事実を正確に記しただけでも劇的だし、悲痛である。しかし事実だけでは、正伝がそなえるべき欲求を満たせない。バックナーの苦悩をめぐる正伝は、「もしあれがなかったら」式の筋書きに沿ったものでなければならない。さまざまな「もしあれがなかったら」物語では、実際には起こってほしかったすごい出来事が実現せずに終わる。それどころか、事実の上でも道徳的にもまったく逆の結果がもたらされる。たいていはうっかりミスか悪事のせいで、物語の中の一見些細な事柄が、起こるべき場所で起こらないからである。「もしあれがなかったら」物語では、歴史上のちょっとした偶然のせいでじつに悲惨な結果がもたらされるという大筋からわずかなりともずれてはいけないし、話をややこしくさせてもいけないし、曖昧にしてもいけないのだ。

そういうわけで「もしあれがなかったら」は、ビル・バックナーの脚をめぐる物語を、正伝を正当化しうる唯一の話にしなければならない。ようするにかわいそうなビルは、勝敗を分けた唯一の原因を作った中心人物になるしかない。つまり、もしバックナーが打球を無難にさばけば、レッドソックスは一九一八年以来初めてワールドシリーズで勝利し、バンビーノの呪いを解くことになる。しかしもしバックナーが打球をお手玉すれば、その年はメッツが優勝し、例の呪いはもっと強くなって持続することになる。なぜならバックナーのエラーは、これ以上ないほどいじわるなバウンドであり、尊敬できる選手がしでかした、とてもありえないようなつまらないミスだからである。これが神のなされることなのか?

バックナーのエラーがその年のワールドシリーズの結果を決めたわけではないということは別にしても、細かい点はすぐに忘れられてしまう。ウィルソンの打球がバックナーの股間でバウンドした時点で、レッドソックスはすでに同点に追いつかれていたのだ！　つまりその試合は第六戦であり、たとえレッドソックスがその試合で敗れたとしても、ワールドシリーズの最終戦というわけではなく、まだもう一戦残されていた。レッドソックスが第七戦を勝てばワールドシリーズの優勝が決まるはずだった。たとえ神と悪魔が第六戦でヨブの試練をビル・バックナーに負わせようと相談していたとしても、そんなことは関係なかった。バックナーが打球を無難にさばいっていたとしても、その時点ではまだ、レッドソックスのワールドシリーズ優勝は決まっていなかったのだ。延長戦で得点しないかぎり、優勝は保証されていなかったのである。

歴史家でもなく、この問題に通じているわけでもない愛国的アメリカ人が、アラモ砦の正伝を黙認し、健康で老練なボウイならば敵と交渉してテキサスにとってはさして損ではない名誉ある降伏を選択することもできたということを知ろうとしないことを、われわれは簡単に許容できる。どちらにしろ、最後の目撃者もすでにこの世を去って久しい。残っているのは書かれた記録だけである。しかも歴史家は、目撃者の証言を信用するわけにはいかない。目撃談とされる話は矛盾と非難合戦と自己利益と誇張の泥沼にはまりがちだからである。そして何よりも、人間というのは、繰り返しているうちに話がどんどん大きくなっていくものなのだ。

しかし、バーで一杯やりながらこの問題を論じられる野球ファンならば、ビル・バックナーがしでかした単純明快な事実を思い出せるはずだ。テレビの前で歓喜したか信じられない思いに悲嘆にくれた記憶のある人も多いはずである（正直言うと私は、そのとき、ワシントンの夕食会に出席するはずだった。しかし「調子が悪く」なったため、ホテルの部屋にいた。ただし、ベッドで寝ていたわけではない）。

私がこの問題に強い関心を示す理由は、事が起こってから一年もたたないうちに、延々と語られるようになったコメントに一つのパターンがあることに気づき始めたことにある。その傾向は、一五年以上を経ても衰えることを知らない。なんといってもバックナーの逸話は、書き手が不運を俎上《そじよう》に上げるにあたっていかようにも関連づけられる格好の話題であり、そうした不運の材料は神のみぞ知る理由で決して枯渇することがないからだ。数多くの記事が、その出来事を正確に語ってきたし、今も語り続けている。なにしろこの実話は強烈な印象を与えるし、野球ファンなら誰もが自分の鮮明な記憶から正しい説明を引き出せるからだ。しかし私は、そうした記事のかなりが、無意識のうちに実際の出来事を微妙に特定の作り話に仕立て上げていることに気づくようになった。「もしあれがなかったら」式正伝が要求する究極の悲劇の純粋な素成分に仕立て上げられているのだ。

私はそうした作り話の収集を続けてきた。どれもみな正伝の要求を満たすかたちで、もしバックナーの股間がなかったら、レッドソックスはあの年のワールドシリーズを勝っていたと主張している。バックナーの屈辱的な出来事が起こった瞬間ではまだ同点だったという、話を単純化する上では不都合な事実は忘れ去られているのだ。おまけに、ワールドシリーズはまだ一試合残っていたということまで忘れられていたりする。そのような誤解が登場するのは、忘れっぽい新聞のコラムだったり、人生や宇宙の歴史で大切な何かのメタファーとして野球を持ち出すことを好む詩人やなにがしかの知識人の文章まで、種々雑多である（私はその種の誤りを犯した何人かにそのことを指摘したことがある。すると決まって、「ああ、うっかりしていました。もちろんまだ同点だったんですよね。忘れていましたよ」という丁寧な返事が返ってきた）。

たとえば一九九三年一〇月二五日の《ＵＳＡトゥデイ》紙一面の記事では、その年のワールドシリーズでのミッチ・ウィリアムズの失態をどこも悪くない不運なビル・バックナーと比較するという、とんでもなく不公正な論じ方がされている。

ウィリアムズは、少なくとも今の時点では、ビル・バックナーを間抜けリストのトップから引きずり落としたかもしれない。バックナーは、一九八六年一〇月二五日の悪夢を耐え忍んだ。バックナーが属していたボストン・レッドソックスは、ムーキー・ウィルソンの一塁ゴロがバックナーの股間を抜けたとき、一九一八年以来のワールドシリーズ優勝まであとアウト一つに迫っていた。

レッドソックスとヤンキースがアメリカンリーグの優勝決定戦初戦（そしてもちろん、ヤンキースに敗れた）を控えた一九九九年一〇月一三日の《ニューヨークポスト》紙には、レッドソックスの不運が列挙されるなかで次のように書かれている。

ムーキー・ウィルソンの打球は、一九八六年のワールドシリーズ第六戦でビル・バックナーの股間を通り抜けた。それが起こったのは、レッドソックスがワールドシリーズ優勝まであとアウト一つまで迫っていたときのことだった。

単行本からも、もっと詩的な引用をしよう。野球の失態を詠った古典的な詩『打席のケーシー』の美しい新版に寄せた序文として、野球ファンでもある詩人が綴ったみごとなエッセイの最後の文章には次のような一節がある。

勝利の喜びは強烈だが短命である。それに引き換え、敗北は永遠に尾を引く、人間らしさを育む母親である。われわれはみな、ケーシーといっしょに三振アウトになる。ビル・バックナーは、鋭い打撃とみごとな守備で一〇〇〇試合も勝利したが、ワールドシリーズ第六戦の九回の守備で永遠に記憶されることになる。アウトあと一つでよかったのに、無情にも打球が永遠に股間をすり抜けた。

ところがそこで、よくできた正伝という小さくて意地悪な破壊者が顔を持ち上げ、美文の調子を狂わす。「しかし、はたしてあといくつのアウトが重ねられるべきだったのか、誰が勝つはずだったのか、私は知らない。レッドソックスはすでにリードを失っていた。同点だったのだ」。事実には独特の雄弁さがある。正伝の単純明快な「素成分」よりも、舌触りの悪い複雑な事実のほうが物語としてずっと面白い場合が多いのだ。ところが人の心の奥底には、複雑な事情を正伝に仕立てたがる何かが潜んでいる。世界を単純に解釈したいという性向が。

自然史学の本だというのに、科学とはいかなる関係もなさそうなアメリカ史の話題をなぜ二つも取り上げるのか。そんな疑問を抱いた読者がいたとしてももっともな話である。そこで、冒頭で披露した見解をもう一度繰り返しておこう。人間はパターンを求め、物語を作りたがる生きものである。そうした性癖は、一般には大いに役立っているのだが、しばしば、人間の歴史だけでなく、地質学的な変化や生物の進化などといった自然界のあらゆる種類の時間的経緯を骨抜きにしてしまう。そして、入り組んだ実際の歴史を、人間の物語が「進むべき」単純なコースに押し込めてしまう。私はそのように偏向させられた道筋を「正伝」と呼んでいる。人が（パターンを説明するために）方向性のある物語を好むのは、（そうしたパターンを因果的に説明したいという）剛胆さによるもので、もっと別のパターンもあるし、別の原因が働いている場合のほうが多い複雑な現実に対する理解を歪めることになる。

ここでボウイの書簡とバックナーの股間という二つの話題をあえて取り上げたのは、現実のパターンを読み取ろうとする際に正伝がそれを二通りのしかたで歪めるということを例示したかったからである。ジム・ボウイの手紙をめぐる物語では、正伝とは合致しない重要な事実が見えざる存在に追いやられてしまっている。しかもここでは、不都合な真実が隠されているわけではなく、（アラモ展示館のボウイの手紙のように）堂々と展示されているにもかかわらず、誰の目にもとまらないのだ。ビル・バックナーの股間のほうでは、覚えていてもいい、しかも容易に確認できるはずの事実が、都合よく作り変えられている。そのままでは、正伝にうまく仕立て上げられないからだ。

見えているのに見えない、正伝にあわせるために作り変えるという二つの誤りは、歴史を語る場合だけでなく、科学においても頻繁に登場する。最後に、生命の歴史に関する代表的な誤読から明白な例を紹介しよう。複雑さの増大こそが進化理論と生命の歴史の中心テーマであり統合原理でもあるというおなじみの物語を紡ぐにあたって、人はつい、目の当たりにしているはずの自然界の多様性の大半を隠してしまう。そして、そのような大問題を思案できるほどの素晴らしい心的能力を進化させた種に、新参者であるにもかかわらず分不相応な特権を与えてしまう。

この手前びいきの愚かな偏向のせいで、進化が生み出した目の前のすごい成功例が見えない存在にされてしまっている。それは、三五億年におよぶ化石の記録において最大多数を占めている不滅の存在バクテリアである（ホモ・サピエンスは、登場してから五〇万年にもおよばない新参者である）。ではということで多細胞動物だけに的を絞るにしても、その種数の八割は昆虫が占めている。しかも、今から一〇億年後に生きているのはどちらか賭けろといわれて昆虫ではなく人類に賭けるのは愚かな行為である。

生命の歴史に見られる別のもっと複雑なパターンに関する正伝についても、人間中心の偏向がなされている。脊椎動物の進化に関しては、誰もが子ども時代からさんざん聞かされてきた、古《いにしえ》の騎士、勇猛果敢な男たちの物語がある。しかし、それははたして正しいのだろうか。私は、脊椎動物の上陸や昆虫の空中への進出に陸上や空中の「征服」という表現がなされているのを見ると、思わずのけぞってしまう。

恐竜は、哺乳類が起源してから一億三〇〇〇万年以上にわたって哺乳類よりも繁栄していた。その事実を知っているにもかかわらず、恐竜は生まれながらにして哺乳類に打ち負かされる立場にあったというイメージは打破しがたいようだ。哺乳類がようやくのことで繁栄の好機をつかんだのは、隕石の衝突によって引き起こされた大量絶滅によって恐竜が絶滅した後のことだった。哺乳類がなぜ恐竜に取って替わられたのか、その理由はよくわかっていない。しかしおそらく、勇猛だったとかそうではなかったからといった優劣の問題ではないと思う。隕石の落下が哺乳類に幸運をもたらした理由は、そのときの気候変動を生き延びる上で勝った点（勇猛さに相当するもの）を哺乳類がそなえていたからというわけではないのではないか。むしろ、体が小さかったこと、すなわち大型生物に適した環境では恐竜に太刀打ちできなかった特徴のおかげで、厳しい環境を隠れてやり過ごせたからだったのかもしれない。

陸上を征服した最初の両生類は、海の中で安穏としていた魚類の大多数よりも勇猛であり、つまりはより進歩した存在だったという考え方はじつにばかげている。これを打破しないかぎり、脊椎動物の進化の様式と複雑さの全容を理解することはできない。いずれにせよ魚類は、現在、脊椎動物の種数の半分以上を占めている。しかも、脊椎動物としては一貫していちばん成功してきたグループであると言ってよい。そうなると、従来の帝国主義的な領土拡張征服モデルに替えて、「故郷に勝る場所はなし」式の正伝を打ち立てるべきだろう。

物語として周囲の世界を説明するという習慣に、人間の脳は執着しているのだと思う。しかし、そうしなければならないのだとしたら、少なくとも物語の幅を正伝を超えさせて突飛なものまで広げようではないか。そうすれば、自分たちの言葉で世界を理解する必要性を尊重し続けつつ、通常の薄ぼんやりとした認識範囲を超えた多様さに気づく術を学べるかもしれない。アメリカが誇る詩人ロバート・フロストは、物語が果たす役割とその必要性、それと異例な物語が提供する自由についての深い思索を、一九四二年に書いた早すぎる墓碑銘でみごとな言葉に凝縮させている。

そして墓碑銘が私の物語であるべきだとしたら
私は自分のための短いやつを用意してある。
私は自分のことを墓石に刻むつもりだ。
私は世界と痴話げんかをしたと。

4章　素晴らしきものすべての真の体現者

作詞家W・S・ギルバートは、サー・アーサー・サリヴァンとのコンビによる喜歌劇としては最後の傑作『ゴンドラの漕ぎ手』のプレミアショーが大成功を収めた翌日にあたる一八八九年一二月八日に、サリヴァンに手紙を書いた。いつもと変わらぬ気さくな口調ではあるが、これまたいつものように、二人のあいだの緊張関係を漂わせる内容だった。「今回も、私の作品を素晴らしいものに仕上げて下さったことを感謝します。おかげで、二〇世紀になっても光輝を放つ作品になる機会が与えられました」。ギルバートとサリヴァンの作品として初めて成功を収めた『魔法使い』（一八七七）に登場するジョン・ウェリントン・ウェルズは、「ウィンクをすることで予言し、未来を覗き見」できる「お抱えの妖精」を徴用した。しかし、ウェルズを創造した作家にそのような技量など望むべくもない。

それでも、ギルバートとサリヴァンを主人公にしたマイク・リーの映画『トプシー・ターヴィー』*の冒頭でギルバートがサリヴァンに投げつけた言葉は象徴的である。この映画は、ギルバートとサリヴァンが一八八五年に世に送り出し大成功を収めた『ミカド』の誕生秘話と初演までのあれやこれやを中心にしつつ、たぐいまれな作詞家と作曲家の微妙な共同作業やヴィクトリア朝の興行システム、創作活動全般の本質を描いた傑作なのだが、ギルバートの文句は、かのウェルズの妖精に授けた、「無限の利益をもたらす小さな予言者」というキャラクターを想起させるものがある。それというのもこの映画は、新たなる千年紀に移行する数日前にニューヨークで封切られたもので、ギルバートの気の長い予言がまさにこの瞬間に達成されたことになるからだ。

＊　本エッセイはマイク・リーの映画が一九九九年一二月に公開されたことに触発されて書いたものである。しかし、映画についてはほとんど触れていないし、ましてや映画評でもない（映画評は文芸作品のなかで最も短命で再録しがたいジャンルである）。本エッセイは、マイク・リーの傑作をだしに、個人的な思いを綴ったものである。初出は《アメリカン・スカラー》誌。

ギルバートとサリヴァンの作品群に新たな注目と普遍性が授けられたことを私が喜ぶのには、個人的な理由がある。一四曲を数える二人の喜歌劇は、かろうじて今に残るヴィクトリア朝の屑のなかでも最もばかばかしく時代遅れな代物として評価が低いし、現代的な知性を自慢する向きには困惑の種以外のなにものでもない。しかし私はここで、数十年来の（そこそこの）沈黙を破り、声を大にして告白する。私は、ギルバートとサリヴァンの喜歌劇が心底大好きであり、彼らの作品は、人間の本性のとらえどころのない一面を理解する上で役立つ珠玉の作品群であるとさえ思っているのだ。

一〇歳から一二歳までの潜在期にかけて、私にとってギルバートとサリヴァンの喜歌劇は人生そのものだった。当時の私は、わずかな小遣いを貯めて六ドル六六セントになるたびにレコードショップのサム・グッディーズに走り、ロンドンのサヴォイ劇場で録音された喜歌劇（サヴォイオペラ）のレコードを次々に買い求めていた。そして何度も繰り返し聴いたせいで、前思春期の記憶力のおかげで、すべての歌詞と曲を難なく丸暗記してしまったほどである（今や、先週習ったことも覚えていられないというのに、そのときに覚えた歌詞は忘れようにも忘れられない。これもまた、人の奇妙な性《さが》であり皮肉である）。

しかしそんな時期も、しごくふつうの理由で終わりを告げた。一三歳になった私は、映画『ロビンフッドの冒険』で恋人マリアン役を演じたオリヴィア・デ・ハヴィランドを見てしまったのだ（ロビン・フッド役はもちろんエロール・フリン）。白いサテンの衣装の下に隠された彼女の胸が私の性の芽生えをいたく刺激したのである（わが人生における夢の実現の一つとして、私は数年前にデ・ハヴィランド本人との対面を果たした。彼女は、依然として年相応に美しかった。そのとき、一三歳のときの思い出を話した。ただし、胸の一件はぼやかし、彼女の全人格にぞっこんだったという話に仕立てて。彼女の反応は優雅の一言であり、私はただただ畏《おそ》れ入った）。

かくして私のギルバートとサリヴァンへの熱中は終わったが、愛着は失っていないし、歌詞や台詞もいっさい忘れていない。

そういうわけで私は、何十年にもわたり、サヴォイオペラに登場する人物たちの多義性に浸ってきた。自分はそこそこの知識人という自負をもちながらも、低級な娯楽の見本みたいな作品に夢中になることに関して後ろめたさを感じてきたのだ。こんなにも愛着が続くのは、自分の幼年期に誠実であろうとする誤りをおかしているからにすぎないのだろうか。いうなれば、人生とはいかなるものかを知る前に価値のない花を美しいと思ったにすぎないということを認めたくないだけなのだろうか。そんな不安をさらに駆り立てる大きな理由が二つある。

まず第一に、ギルバートの台詞のなかには、現代人にはばかばかしいダジャレにしか聞こえないものがある。たとえば、『ペンザンスの海賊』では、「オーファン（孤児）」と「オーフン（しばしば）」をひっかけたダジャレがこれでもかとばかりに登場する。しかしこの点に関しては、シェイクスピアの『ジュリアス・シーザー』冒頭の靴職人の会話での、「魂《ソール》」と「靴底《ソール》」、「フクロウ《オール》」と「全部《オール》」とのダジャレに比べてそれほど悪くも多くもない。ギルバートの場合はおそらく、全体の感じが語彙《ごい》の幼稚さを超えられないのだろう。そうした疑念が、サリヴァンの音楽への不信感も生みかねない。たしかにサリヴァンの曲はヴィクトリア朝の人々には機知に富んでいて心を打つ旋律だったが、今聴くと、感傷的だったり（「失われた琴線」は、かつては英国史上最高の曲と讃えられたが、今はすっかり忘れられている）、大げさだったりする（たとえば賛美歌三七九番「見よや十字架の旗高く」)。

第二に、大衆受けしなくなったことで、低級という悪い評価が助長された可能性がある。ギルバートとサリヴァンの喜歌劇は、絶滅はしていないものの消滅の危機にありつつ、主にアマチュア公演の周縁で生き残っており、たまにプロが大幅に手を加えて再演することで束の間の絶賛を浴びる程度である(ジョゼフ・パップスによるロック版『ペンザンスの海賊』や一九三〇年代に好評を博したブロードウェイミュージカル版『ホットミカド』の舞台を現代に置き換えてリニューアルした首都ワシントンのフォード劇場版など)。ギルバートとサリヴァンの喜歌劇を上演していたイギリスのドイリー・カート歌劇は、一〇〇年以上にわたって興行を続けてきたというのに、大衆の無関心とお粗末な公演内容が相まって、一〇年ほど前に興行を打ち切った。おまけに、アメリカ随一のプロの興行団体であるニューヨーク・ギルバート・アンド・サリヴァン・プレイヤーズの略称GASP(「息切れ」)は、人気失墜という状況を考えると、まさに言い得て妙である。

それでも私は、たまには低級趣味の烙印《らくいん》に怖《お》じ気づきつつも、そのようなマイナス評価を信用してはこなかったし、同時代(それとこれからの)作品の広大な墓場から距離を置いて燦然と輝いていると信じてきた。墓場に横たわる作品群には、ヴィクター・ハーバートやシグマンド・ロンバーグらの喜歌劇も含まれている。私がギルバートとサリヴァンの喜歌劇をそれほど評価する理由は、彼らの作品が素晴らしさの極致であると同時に、人間の創造活動の目標の体現であり、育てるべき、あるいは定義すべき人間の属性の芯を押さえているると考えるからである。

映画評論家のピーター・ライナーは、《ニューヨーク》誌に載せた『トプシー・ターヴィー』の映画評で、誉め言葉として次のように書いている。「ギルバートとサリヴァン作品の美は、それ自体が謎でもあるのだが、偉大なマイナー作品であることであり、メジャー作品とされる多くの作品よりも香り高く永続的である点だろう」。しかし、芸術作品をメジャーとマイナーに区別する習慣にこだわるかぎり、素晴らしさというものを真に理解することはできない。

この世はフラクタルである。メジャーとして名指す場合に選ばれる尺度（たとえばメトロポリタン歌劇の有名テナー歌手）でも、通常は庶民的とかマイナーとされているスタイル（田舎屋のポーチでバンジョーをかき鳴らす独学のアマチュアなど）と比べて本質的に高尚というわけでもない。個々の尺度は、自分のジャンルに属すすべての成果物を囲い込むための、まったく同形の囲いを形成している。そして個々の囲いは、数少ない最上級品をその小さな片隅に保有している。このメタファーでいけば、いわゆる「マイナー」な芸術を収めた片隅の拡大写真は、「メジャー」な芸術を収めた同じ片隅の縮小写真と区別がつかないはずである。その二枚の写真を壁に並べて貼っても、区別できないとしたら、尺度に左右されない素晴らしさに共通する形状に基づく別の判断基準を捜さねばならない。

ダーウィン流進化論をたたき込まれてきた私は、素晴らしい生物種を見分けるための大ざっぱな基準は長く存続していることだという偏見に染まっている。私が子どものころに弟とやった、ベートーヴェンは一時的に流行ったロックのヒット曲「ベートーヴェンをぶっ飛ばせ」よりも後世に残るという賭けは賢明な賭けだったと思っている（弟は賭けに負けても払わなかったが）。しかし、マイナーなものは束の間で、メジャーなものは永続的という誤った相関を捨て、ついでにマイナーとメジャーという区別も捨てるという大胆な行動に出れば、ギルバートとサリヴァンの作品がなぜ残っているのかという謎は、歌劇というジャンルの中のマイナーな存在という地位とは別に考えねばならなくなる。それでも、通常の文脈を廃したことで、謎は解けないまま、むしろ大きくなってしまう。ギルバートとサリヴァンの作品は残り、同時代の他の作品は残らなかったのはなぜなのだろう。もし素晴らしさということがそのような永続性に共通する属性だとしたら、時間が経験的な検証を提供してくれる前に、素晴らしさという捕らえどころのない資質を見抜くにはどうすればよいのだろう。

この大いなる疑問に対して、私は独自の洞察など持ち合わせてはいない。そのかわり、ギルバートとサリヴァンに関するいささか屈折した個人的証言を提供することで、有用な議論に焦点を合わせられるかもしれない。創造的な人が他人に自らの努力を伝えたいという目標なり願望を完全に放棄しないかぎり、真に素晴らしい作品はみな、同時に二つのレベル上に存在しなければならず、（意図する意図しないに関係なく）そのような二面性をもつよう創造されねばならないのではないかと思う。また私は、素晴らしい作品の斬新で際立った面を完全に理解できるのは、ごく限られた少数の購買者であり、もしかしたら最初は誰にも理解できないかもしれないというエリート思考の持ち主でもある。

　この「高尚なほう」のレベルには二つの理由が関与している。一つは、芸術家を動かしている考え方は、同時代の理解力をすべて超えるほど斬新だったりする（よく「時代の先を行く」という言い方をされるが、この表現は正しくない。時間を経ているからといって質が上がるとはかぎらないし、三万五〇〇〇年前の人類最古の芸術であるショーヴェの洞窟壁画はピカソの最高傑作に引けを取らないからだ）。もう一つの理由は、名人芸は、ごく少数の視聴者を除くほぼ全員の識別眼を凌駕しているかもしれないことだ。

　それに対して二番目の庶民的なレベルのほうでは、素晴らしい作品は購買者にすごいと思わせ（完全にわからせなくてもいい）、「ファン」と呼ぶに値する経験と敬意を授ける力を発散させていなければならない。一八世紀中葉ライプツィヒの、教養はないが音楽を愛していた人々は、バッハの音楽を聴くためだけでもトマス教会のミサに集っていたはずである。そして、この音楽はこれまで聴いたものとは違う、ただものではないとそれとなくわかっていたはずである。名人芸の第二の基準からして、現代のオペラファンは、ジェイムズ・レヴァイン指揮のメトロポリタン歌劇場管弦楽団の演奏でドミンゴやヴォイト、サルミネンが出演した『ワルキューレ』を聴けば（私は聴いた）、第一場から、理由は説明できなくても、たぐいまれな超越したものを聴いたことがわかるのではないか。

　思うに、すべての「時代に先んじた」天才は、狂気に走らないとしたら、意識的に二つのレベルで作品を仕上げているのではないか。一つは同時代の見る目のあるファンにもわかるレベルで、もう一つはプラトンの理想の領域（それと後世に理解されるレベル）である。バッハは、庶民的なレベルでは、当代きっての名オルガン奏者（虚飾を嫌い、美しい旋律を即興で飾り立てることを嫌がる大勢の人々にとっては鼻もちならない困り者、しかしそれなりの目利きには尊敬と畏敬をもたらす演奏家）になることで、その時代と教区において集められた世評（それと給金）をすべて受け入れるしかなかった。しかもバッハは、天才とは型破りな創造者であるという近代的な考え方が登場する前の作曲家だったため、自分のユニークさをはたしてどうやって自覚していたのか不思議である。自分の卓越ぶりに気づいていなかったはずはないからだ。一方、バッハはプラトンのレベルでは天使のために作曲していたのだろう。ダーウィンはといえば、自らのライフワークを二つのレベルに分けて書くほかなかった。一つは、教育のあるすべての読者という庶民的なレベルで（事実としての進化論を）理解できるようにすると同時に、第二のレベルでは、いちばん熱心な支持者でさえ複雑に入り組んだ微妙な綾（生物の歴史とデザインに関する従来の概念をひっくり返した過激な哲学に根ざす自然淘汰の理論）の全体像を把握できない書き方をした。

二つのレベルで創作することの問題点は、創造性の奇妙な区分である「一般向け」とされるジャンルで活躍する芸術家にとっては、より深刻でより明白となる。選ばれた人向けのジャンルの大家は、どんな場合でも大衆受けをねらったりはしない。したがってそういう大家の二面性のうちの庶民レベルは難解にして複雑であっていい（第二のレベルのほうは、好きなように難解で個人的なものにできる)。しかし、一般向けジャンルの大家は、庶民レベルに関しては複雑度をぐんと落とした取っつきやすい水準に仕立てなければならない。そうなると、第二のレベルのほうは、二つのレベルが完全に乖離《かいり》して作品がバラバラになってしまわない程度で、どれほどまで高尚にできるものだろう。

さてそこで、いよいよギルバートとサリヴァンに関する私の考えを述べるにあたって、まずは重要な警告から始めよう。私が告白したエリート思考は、民主的な範囲に留まるものである。それは、倫理的な理由からというよりは、構造的な理由による(私も倫理的な理由を抱えていないわけではないが、構造的な理由を申し立てる背景には、購買者の感受性に敬意を払わずして素晴らしさは達成しがたいという前提がある)。一般向けのジャンルで素晴らしさを達成するには、いかなるときも全力投球することを怠ってはいけない。より「広い」層に「簡単に」受け入れられるよう「やさしく書き直す」とか、くたびれたからとか締め切りがせまっているからという単純な理由で陳腐な文章を切り張りするという妥協をしたとたん、作者はたちまち奈落《ならく》の底に転落する(こんな厳しい言い方はめったにしないのだが、この場合に通過する門は狭く、その道も狭い)。エリートのジャンルと一般向けのジャンルとのちがいは、絶対的な質のいかなる定義とも関係ない。この場合のジャンル分けは、純粋に社会学的なものなのだ。いずれのジャンルにおいても、素晴らしさなるものは稀で貴重なのである。センターの守備につくディマジオにしても、剣の行方を尋ねるドミンゴにしても、素晴らしさの極致という点では変わりがない。

そういうわけで私は、ギルバートとサリヴァンの作品が生き残った理由は明白だと思う。彼らの作品は素晴らしさを証明する独自の刻印を帯びており、それは二つのレベルの両方で同時に最高の出来ばえであることで証明される。すなわち、庶民レベルでは喜歌劇が好きな人ならば誰でも楽しめる（ユーモアのセンスをくすぐり、メロディの美しさを堪能させ、あらゆる人や文化のうぬぼれや弱点をやさしく、しかし鋭く暴き出す）。その一方でプラトンのレベルでは、英語という言語が達成したものとしては最も如才ない曲と詩の融合となっている。しかも、素晴らしさなるものは二つのレベル両方の購買者に対して完全な敬意とひたむきな注目を要求する。そこでギルバートとサリヴァンの恐るべき天賦の才は、二つの領域で異質ではあるが同等の価値を二種類の聴衆に楽しんでもらうべく、並々ならぬ技量を発揮していると、私は思っている。

サリヴァンは、イギリスに帰化したヘンデルやイギリス生まれのパーセル以来のイギリス最大のクラシック音楽作曲家という地位につきたいと切に願っていた人物として描かれがちである。俗物のギルバートとの腐れ縁は、単にモンテカルロのカジノや他の金のかかる不品行のせいで生じた金銭的必要を満たすためだけだったというのだ。サリヴァンの性格の一部（ほんの一部だとは思うが）は、品行方正な社会で信心深く見られたいということもあって（彼だけヴィクトリア女王からナイトの称号を授けられ、ギルバートはもらえなかったということがあって以後は特に）、「まじめ」な作曲に走らせた。しかし、愛情が必要を勝り、自分の才能のありかをよく心得ていたことで、自分の特技には似つかわしくない「もっと高級」な甘い誘いには抵抗した。

ギルバート自らが描いた魔法使いジョン・ウェリントン・ウェルズのイラスト

ギルバートは、たびたび間違って辛辣《しんらつ》なやかまし屋として描かれがちだが、彼自身の詩的霊感が好むジャンルとはうまく折り合いがついていた。舞台に関しては細かいことまで徹底的に口を出し、出演者がくたくたになるまで稽古させた。それでも出演者たちはギルバートの猛烈な介入を尊重し、忠実に従った。ギルバートが、自分たちのプロ意識に対して尽きせぬ敬意を抱いていることも知っていたからである。いかなる場合でも、いいかげんな仲良し主義で最高の成果を出せる基盤など築けるはずもないのだ。

大衆向けの娯楽というジャンルでは常に、素晴らしい成果を出そうとすると、この「二つのレベル」がことさら問題となる。その点に関しては、ギルバートとサリヴァンの時代よりもむしろ現代のほうが深刻かもしれない。なにしろ現代は、いちばん大衆受けするものの評価がきわめて低い時代であるのに対し、ギルバートとサリヴァンの時代は、シェイクスピアの引用やラテン語の引用句などが一般向けレベルでも通用する時代だった。アニメ作家で言えば、『ルーニー・チューンズ』に登場するバッグズ・バニーや仲間たちでおなじみのチャック・ジョーンズが二〇世紀最高ということになっている。しかしディズニーだって、その絶頂期には、純真な子どもたちが大好きになれるレベルと、見識の高い大人にアニメの高度な技術を駆使して冷徹なコメントを提供するレベルの両方で、矛盾も妥協もなしにうまく機能する作品の手本を示した。『ピノキオ』（一九四〇）などは、二重のレベルの娯楽を提供するという奇異な様式における最初の名作として評価されるべきである。しかしディズニーは、その後の作品では道を見失った（おそらく政治的配慮に基づく意識的な決断だったのだろう）。全作品が、どのレベルでの成功も妨げてしまう迎合主義に染まった甘ったるい商業主義に堕してしまったからだ。しかし最近の作品は、困難ではあるが素晴らしいこの路線を再び見出している。『トイストーリー2』がそうだ。この映画は、子どもにとってはおもしろくてたまらない物語であると同時に、大人にとっては進退きわまる状況でベストの選択などない生き方を描いたかなり重い、それでいて滑稽な物語となっている（「俺はこうやる」という究極の実存主義的なメッセージである。われらがヒーローたる、昔のテレビドラマのスターをモデルにした「お宝」カウボーイ人形が、彼を愛してくれている現在の持ち主である少年のもとに留まり、最終的には壊れて物置に押し込まれる運命に甘んじるか、それとも自分の出自を知ったことで出会えたテレビドラマの共演者たちといっしょに日本のコレクターに買われてガラスケースに飾られることで永遠の命を獲得するかの二者択一を迫られるのだ）。

　私は、ギルバートとサリヴァンの解説者としては素人の発言しかできないが、素晴らしさには二つのレベルがあるということを説明する一助となりそうな個人的証言ならできる。私の処女作『個体発生と系統発生』は、胚発生と進化的な変化との関係を生物学はどう見てきたかという歴史を扱ったものだった。そして未だに私は、個体の発生過程における体系だった変化は歴史的な系列か、現時点での成体の形態に見られる、複雑度が増大したかたちで固定している階層構造を反映しているケースが多いという原理にこだわっている。

　冒頭でも述べたように、私は感受性豊かな時代にギルバートとサリヴァンに夢中になり、すべての歌詞と曲を、そのほんとうの意味や背景を理解できないまま吸収してしまった。そのため、今でも演奏に参加するたびに、浮き浮きすると同時に奇妙な、それでいていささか居心地の悪い経験を味わっている。それはこんなジョークに喩えられる。いつも厳しい顔つきをしているスイス人（特権階級に属するスイス人を笑う場合は、民族蔑視気味のジョークも検閲を通る）が、日曜の礼拝が厳かに執り行なわれている最中に突然笑い出した。どうしたんだと聞くと、「土曜の晩のパーティーで聞いたジョークの意味が、やっと理解できたから」だという。私は、ギルバートとサリヴァンを聴き返すたびに、それと同じことを経験している。ただし私の場合は、初めて聞いてから理解するまでに四〇年以上もかかってしまっているのだが。

　子ども時代に丸暗記したから、歌詞は全部知っている。ところが、頭に取り込んだその時点では、歌詞に込められた鋭い風刺が理解できなかった。そういうわけで、今でもわけもわかろうとせずに後生大事に抱えている。ふだんは、聖典の意味などあえて問おうとはしないため、一字一句正確に知っているのに未だにほとんど理解していないのだ。それでも演奏会に参加するたびに、少なくとも一回は「スイス人の哄笑《こうしょう》」体験を味わう。大人の耳で聴き、突如として理解し、人間の愚かしさを露呈させるシーンに大いに破顔する。「ああ、確かにそうだ。なんで今まで気づかなかったのかなあ。いつも口ずさんでいたこの歌詞は、そういう意味だったんだ」と。

まさに私はここで、もったいぶったことなど言わずにさらりと説明したいと思っていた論点を強調すべきなのだろう。しかし、そんな目標を達成することはどうやってもできない。明瞭な説明をすることの難しさにじっと耐えるしかない。私としては、素晴らしさに必要な二つの形態である庶民的なレベルとプラトンのレベルとの比較、ギルバートとサリヴァンに対する私自身の子ども時代の気持ちと大人になってからの気持ちとの比較をしたい。だが、子ども時代に冠せられてきた原始的で未発達でレベルが低くて未熟で野蛮といった形容を庶民的なレベルの喩えとして使うつもりはいっさいない。

（私が書く「ポピュラーサイエンス」の庶民的な面は読者を見くびったものだとか質を落としている結果であると私自身が少しでも思っているとしたら、ただちに筆を折るだろう。なぜならそうなれば、定義からしても、素晴らしさは私の手の届かないところに行ってしまう。おまけに二つのレベルの素晴らしさを追求するという目標は、私が科学者としてものを書く上での最高の動機となっている。ポピュラーサイエンスの良書は、人文学の由緒ある一領域となっている。庶民にはちんぷんかんぷんのラテン語ではなくイタリア語の機知に富んだ会話体で代表作を書いたガリレオに始まり、『種の起源』を学術書ではなく一般教養書として書いたダーウィンに至る輝かしい伝統があるのだ)。

子どもが何かを好きになる気持ちを庶民的なレベルの素晴らしさと比較できるとしたら、いずれも理屈抜きの魅力をたちどころに正しく理解している点にあるだろう。だいたい、最高の仕事と呼べるものは、言葉や意識的な定式化を超越しているものが多い。いうなれば、「理由を述べられる」ものではなく「わかっている」という領域に属している。たとえば、私がジョー・ディマジオのプレーを初めてみたのは八歳のときだったが、そのときの私はすでに一人前の野球通だった。ディマジオのプレーと存在感が他を抜きん出ていることは私にもはっきりとわかった。しかしその頃の私は、華麗などという言葉は聞いたこともなかったはずだし、素晴らしさとはいかなるものかをきちんと説明できるはずもなかった。

つまり、ギルバートとサリヴァンが二つのレベルでの素晴らしさの基準を同時にすべて満たしているとわかるのは、私自身が時間差を置きつつもその両方を身をもって体験したからなのである。しかもこの時間差があったおかげで、両者の魅力のちがいを解きほぐすことができた。子どもも時代のやり方に大人の理解のしかたを押しつけるのはおかしいと思う。そんなことをしても、素晴らしさの一面を教えることにはならない。ただ、背景を整理し、私の告白を強化する上では、言及の価値がある。理解できないからといって、丸暗記や無意識の吸収の妨げとはならない。いやそれどころか、むしろ助けになるかもしれない。

ばかげた例を一つ。最近私は、『軍艦ピナフォア』の公演に行き、ヒロインであるジョセフィーンのアリアの最中にスイス人の哄笑体験をした。それは、貧しくて身分の低い水兵との真の愛を貫くか、「女王陛下の海軍総司令官」サー・ジョゼフ・ポーターの玉の輿《こし》に乗るかを悩むシーンである。ジョセフィーンは、恋するラルフ・ラックストローについて、「金の肩章もない。家や土地の富もない。真心意外に財産もない」と歌う。その瞬間、私の頭上の電球がぱっと点いた。一一歳で初めて聴いたときは、ラルフの偽りのない心がどうして「意外」な財産なのか謎だった。それが四五年の時を経て、ようやく間違いに気づいたのだ。正しくは、「真心以外に財産もない」だったのだ。謎はついに氷解した。

こうした些細な例が困惑の原因を証し、知性の思い上がりを諫《いさ》めてくれさえする。たとえば『イオランテ』では、大法官が妖精の女王とただの女教師とを取り違えたことで自分を責めて歌う。

なんたるこった、
こいつは困った！
誰だか知らぬがお偉い人に、

とんだ口をきいてしまった。
アンデルセンの童話の中の
どこから見ても妖精だった。
なのになんてこった
女学校の校長さんだと思ってしまった。

ギルバートの言葉遊びはまさに芸術の域に達している。なのに私は、ある単語のアクセントの位置が英米で異なることを知らずにいたため、その妙味の一部を理解しそこなっていた。一カ所だけ韻を踏んでいないと思い、辞書を調べて初めて自分の無知に気づいた。それはわずか一〇年前のことだった。

二つのレベルで両立する例として、ギルバートとサリヴァンが庶民的なレベルを蔑視することなく、さりとて高尚なレベルを特別視することもなく素晴らしさを達成している無類の成功例として、私は自分のスイス人哄笑体験を披露した。私は子ども時代からずっと、ギルバートとサリヴァンの作品から理屈ではない庶民レベルの喜びを享受してきた。大人になった今は、それに加えて、彼らの作品が稀有《けう》なほどの質の高さを誇っていることにも気づいている。二つのレベルの両方で深い芸術性と独自性があることが、少しはわかるようになったのだ。

サリヴァンが第二のレベルで成し遂げている例をいくつか紹介しよう。サリヴァンは、クラシック音楽の主要なジャンルをすべてマスターしていた。特に、イギリスの古典音楽に対する見識が深かった。『王女アイダ』におけるヘンデルのパロディは秀逸である。ガマ王の度しがたい三人の王子が、戦いを前に体を自由にするために鎧《よろい》を一つひとつ脱ぎ捨てるシーンでは、アラクが弦楽器だけのみごとな伴奏で歌う（「この兜《かぶと》は打撃をかわすためだと思う」）。さらに『王女アイダ』について言えば、サリヴァンはものすごいリスクを犯しつつも、みごとな腕前を発揮している。アイダ王女のまじめな野心をみごとに茶化すギルバートの歌詞に、オペラとしてきわめて水準の高い曲をつけているのだ（「おお賢き女神よ」）。初演の際にシリル役を演じたテナー歌手のダワード・レリーは、このアリアに関して、「これは滑稽な英雄詩として看過できない名曲だ」と語っている。彼はほんとにすごい作曲家だったのだ。

サリヴァンがクラシックのパロディを書いた背景には、常に恐ろしくまっとうでおかしい芝居がかった理由があった。しかし、サリヴァンの高尚なレベルの足場の背後にある音楽スタイルを知らないと、そういう仕掛けは理解できない。それでも、曲自体は庶民的なレベルでも申し分なく美しい。パロディにしている原曲を知らないせいで音楽上のジョークに気づかなくても十分に楽しめるのだ。必ずしも事情通とは言えないのにそう断言できるのは、若い頃、音楽の形式など学んでおらず、したがって背後に隠されたジョークにも気づかないまま、その「特別さ」が気に入ってしまった曲があるからだ。仕込まれたジョークに気づくスイス人の哄笑体験をしたのは、ずっと後、大人になってからのことだった。

一〇歳だった私は、『軍艦ピナフォア』第一幕で歌われる三重唱（「英国の水夫はすごいやつ」）がお気に入りだった。ギルバートはこの曲に「グリー」として詩をつけていることは知っていたが、グリーについては「歓喜」という意味があることくらいしか知らなかった。これは一八世紀のイギリスで人気のあった、無伴奏の男声による重唱というジャンルを借りたものとは露とも知らなかった（「グリークラブ」の語源だとも知らなかった）。

高尚なレベルへと至る中途の段階で、私は、ラルフ・ラックストローと甲板長と営繕係のための二連詩という構成も含めて、この曲が古い形式に則った完璧なグリーであることに気づいた。しかし、それがジョークであることがわかったのはほんの数年前のことだ。サー・ジョゼフ・ポーターは、「下級兵士の思考と行動の自由を鼓舞する」ために作った歌だと言って、ラルフに三通の楽譜を渡す。そこで三人の男が、サー・ジョゼフからもらった楽譜を見ながら初めて歌い出す。彼らは、サー・ジョゼフの楽譜どおりに、その曲を最後まで、しかも完璧なハーモニーで歌い通そうとする。だが、しょせんはただの水兵にすぎないわけで、楽譜を見ながら初めての歌を歌うなどという経験はない。営繕係がすぐに遅れだす。その結果、曲の二番の途中から、歌は美しもおかしいポリフォニー（多声音楽）へと移り、文字どおりのグリーである多声的な無伴奏合唱曲になっていくのだ（この「不完全さ」により、水兵の独立性を鼓舞したいというサー・ジョゼフの意図を満たそうとするうちに、すべてがますます収拾がつかなくなる）。

（私自身は、サリヴァンの意図を正しく理解していると確信しているが、現代の演奏家たちは、

イギリス人船乗りを「横暴な言葉に立ち向かうべくこぶしを威勢よく握りしめた血気者」として描いた、ギルバートによるイラスト（筆名のバブのサインが入っている）

その点を理解していないか、少なくとも観客の一部が理解していそうなことに敬意を払おうとはしていないように見受けられる。これまで一〇回見たうちで、問題の曲を歌うときに歌手たちが楽譜を持ち、営繕係が遅れてしまってまごつく様を演じていたのはわずか二回だけだった。サリヴァンの演劇人としての本能、かなり高尚ではあるが気の利いた音楽的ジョークになぜ敬意を払わないのか。ポリフォニーがもたらす困惑の出来栄えとユーモアは、庶民的なレベルの経験しかない観客にも十分に受ける。一方、二つのレベルへの十全な敬意を込めた二重の演出は、素晴らしさをもたらす必須条件である）。

『ミカド』の中でマドリガル（多声歌曲）と呼ばれているもの（「結婚式の朝が来る」）も、同じような仕掛けになっている。ヤムヤムはナンキプーとの結婚式の準備をしているのだが、花婿は一カ月以内に打ち首になるという若干の「気がかり」がある。花嫁と花婿を含む四人の歌手が、ホモフォニーとポリフォニーが交互に繰り返される四声のマドリガルを歌って気分を盛り上げようとする。最初は楽観的に歌うのだが（「楽しい時をあなたにあげよう」）、その気分は長続きしない（「みんな悲しみを味わわねばならない」）。それでも最後は、「陽気なマドリガルを歌おう、ファルラ」で終わる。

これがジョークであることを完全に「理解する」には、楽曲の構成をきちんと把握しなくてはならない。曲の指定では、歌い手たちがしだいに暗い気分に落ち込み、実際に涙まで流す構成になっている。ギルバートは、曲の最初から最後まで、合唱する四人を直立させている。それはまるで、きちんとしたコンサートホールで古式に則ったマドリガルを熱唱させるかのようだ。そうすることで、形式は厳格に保ちながら、歌い手の気分のほうはどんどん落ち込ませていくという対比を際立たせているのだ。この例については、現代の演出家もたいていは作者の意図を理解していると思う。しかし、観客の大多数は、音楽の言語と、音楽の形式とそれが伝える感情の妙味を何らかの仕掛けで強調するマドリガルというジャンルをご存じないのではないか。私としても、作者の意図を尊重した上での現代化を否定するものではないが、演出家が正しい解釈をうまく表現できているかというと、多くの場合は怪しいものだと思う。

最悪だと思うのは、ジョナサン・ミラーの演出である。舞台をイギリスの海沿いのリゾートに設定しているのは最高なのに残念だ（『ミカド』の舞台を日本にしているのは、ギルバートにとっては重要なのかもしれないが、悪いジョークではある。だって、登場人物は東洋風の陳腐な衣装をまとってはいるが、役柄はどれもみないかにもイギリス人風ではないか。やんごとなき身分のミカドは、油の釜ゆでの刑に処する前に、囚人をお茶に招待するし、その息子はろくでなしだし、いんちき高官は金のためなら何でもするし、そんな何でも屋にはプーバーという自分の名前をくれてしまう）。ミラー演出の四重唱は、不動のまま歌われる。これはギルバートの意図どおりだが、その背景では職人たちが立ち働き、はしごを持って動き回ることで、静と動を際立たせている。まあまあの思いつきかもしれない。しかし、サリヴァンの曲はこの上なく美しいのに、職人たちの立てる音で歌詞が聞き取れない。それに対して、カナダのストラットフォード版は絶賛ものである。この演出では、観客の大半は、この四重唱からだけでは形式ばったスタイルと感情の崩壊との重要な対比を理解できないだろうとの認識に立っている。そこで、歌手たちを日本式の茶会の真ん中に座らせることで、音楽的な仕掛けを視覚装置に移し変え、誰にも見間違えのないようにすると同時に、視覚的にも聴覚的にも音楽のじゃまをさせない工夫がされている。

こんな感じで私は、年を経るほどサリヴァンを高く評価するようになった。ただしそれでも、おそらくサヴォイオペラのファンの大多数がそうであるように、二人のオペラが生き残るにあたってはギルバートの台本のほうが重要だという考えに与している（ギルバートは、サリヴァンには匹敵しないにしても、まずまずの才能の作曲家を見つけることはできただろう。しかしサリヴァンのほうは、音楽家として高い技量にもかかわらず、ギルバートの台本がなければ、とうに忘

道化師ジャック・ポイントが自分が繰り出す「ほら話の中にある真実の一つや二つ」を見せているところ

れられていたにちがいない）。そういうわけで、ギルバートに関する私のスイス人哄笑体験はなおさらかけがえのないものだし、まだ気づいていないことがたくさんあるのではないかという気にますますさせられる。それにしても、庶民的な芸術を愛しながら、大半の人は気づかないさまざまな高等な仕掛けを忍び込ませつつも庶民レベルの楽しさはいささかも損なわない、そんな偉業をやすやすと達成する才能には畏れ入る。ギルバートは、二つのレベルを同時にこなすという点で、『近衛騎兵隊』で自ら創作した道化師ジャック・ポイントを超えている。

お偉いさんから庶民まで、
おいらのしゃれとジョークは万能さ。
……
その気になりゃあ、気の利いたことだって教えたげるよ。

笑いでだまして教えたげるよ。
さあ、おいらのたわ言かき分けてごらん。
真実の一つや二つは見つかるからさ！

ギルバートの深謀遠慮の例をもう一つ。私は、『軍艦ピナフォア』第二幕の冒頭、コーコラン艦長とキンポウゲの二重唱を何百回となく聴いた。キンポウゲは、それがばれれば艦長の身分が激変する秘密があることをほのめかす（これはギルバートお得意の逆転劇で、かつて子守りだったキンポウゲは赤ん坊だった艦長と別の赤ん坊を取り違えてしまったのだ。そのときに取り違えた赤ん坊が、誰あろうラルフ・ラックストローで、高い身分の生まれであることが判明したラックストローは晴れて［じつは身分が低いことが判明した］艦長の娘と結婚できることになる）。私が一〇歳のときから慣れ親しんできた二重唱は、謎めいた歌詞で秘密を提示している。しかし私がそのことに気づいたのは、わずか数カ月前のことである（その詩がとても意味深だと言っているわけではない。単に、ギルバートは、聴衆の大半は気づかなくても、常にそれだけの細心の努力を怠っていないことを指摘したいだけである。結局のところ、人は自分の納得のいく仕事をするものなのだ）。
キンポウゲが艦長に語りかける台詞が身分の逆転をほのめかすものであることは、私も以前からわかっていたと思う。

どんな群れにも黒い羊はいるものよ。
光っているからって黄金とはかぎらないわよ。
コウノトリだと思ったらただの丸太だったり、
雄牛がただの膨れたカエルだったりするものよ。

ところが私は、コーコラン艦長の反応に秘められた仕掛けを見抜いていなかった。艦長は、キンポウゲの警告に混乱していることをすなおに認める。「お前の言うことは謎だらけでわからないよ」。そこで艦長は、少なくとも自分なりの解釈でキンポウゲの口調にあわせるつもりで、投げかけられた謎を受け流そうとする。

自分が賢いなんて、私は決して言わないぞ。
だけどそんな言い方なら、いくらだってできるぞ。

ギルバートの単純な仕掛けは、台詞の隅々にまで込められている至高の技芸と才能の豊かさの表われである。艦長もキンポウゲの口調をまねるのだが、彼が対比させるのはいずれもキンポウゲの例とは逆の意味をもつもので、艦長の困惑ぶりをひたすら際立たせる。

世話のやきすぎで死んだ猫だっているさ。
勇士じゃなければ見込みはないさ。
ウィンクはたいていオーケーの合図なのさ。
罰を与えない子どもはつけあがるものさ。

（私だけが長年にわたってずっと理解していなかったわけではないことを確認するために、ギルバートのオペラに詳しい賢い友人三人に聞いてみた。その結果、艦長の困惑の陰に隠された仕掛けに気づいていた友人は一人もいなかった）。

ギルバートが仕込んだ重層的な仕掛けの例をもう一つ紹介しよう。『ラディゴア』第一幕のフィナーレは三つの歌で始まる。いずれの曲も、これから展開するドラマに関して異なる感情を抱く登場人物たちの三種類の組み合わせで歌われる（このオペラは劇場用メロドラマのギルバート流パロディで、ロビン・オークアップルが、じつは悪名高いラディゴア准男爵ことリヴェン・マーガトロイドであることが露見する。ラディゴア准男爵は、魔女の呪いにかけられ、少なくとも日に一回は悪事を働かねばならない。オークアップルの正体がばれたことで、兄が逃走中は准男爵位とその呪いを引き継いでいた弟のデスパードが呪いから解放される。これでデスパードは、改心して穏やかな生活に移れるかもしれない。一方、リヴェンの乳兄弟で裏切り者のリチャード

キンポウゲの韻を踏ませた警告を困惑しながら聞く軍艦ピナフォアの艦長

・ドーントレスが、ロビンが恋するローズ・メイバッドと卑劣にも結ばれそうになる）。

三組の重唱は、いずれもみな、隠喩的に比較した組み合わせを凌《しの》ぐ幸せを歌い上げる。しかし私は、これまで、ギルバートの修辞的表現を分析したことがなかった。そのため、一つの歌の意味が皆目見当がつかないでいた。それが、最近の公演で、突如として疑問が氷解するスイス人哄笑体験の瞬間が訪れた。リチャードがリヴェンの正体をばらしたことで結ばれたローズとリチャードのカップルは、自分たちの喜びは生物がすぐに味わう喜びに勝っていると歌いだす。

ミツバチにキスされたユリ《リリー》の幸せよ。

……

うれしげにいななく子馬《フィリー》の幸せよ。

デスパードとその恋人マーガレットは、晴れて悪事の呪いから解放され、自然界で遅れて訪れる喜びの例を超える幸せを口にする。

六月に咲く花の幸せよ、
親しきものがつくる木陰の幸せよ。

ところが最後の重唱の歌詞が理解できずにいた。

草原《リー》に咲く花の幸せよ。
樹上《ツリー》で憩うオポッサムのように。

ただ韻を踏むだけのために、遠く離れたアメリカに生息する有袋類の名をわざわざ出す必要がなぜあるのか。それだけでなく、草原に咲く花とラディゴアと、いったいどんな関係があるというのか。ギルバートの意図が理解できたのは、草原《リー》の専門的な定義を調べ上げたことによる——都会っ子がそんなこと知っているはずがない。この場合の草原《リー》とは、しばらく休耕にして牧草地として利用している草地のことなのだ。つまりこの歌詞は、本来あるべき場所から遠く離れた場違いな場所にある生きものを引き合いに出している。アメリカにいるオポッサムしかり、一面の草原にぽつんと咲く花しかり。しかもこの三重唱を歌うのは、自分たちの意志ではどうしようもない行為によって流されていく面々である。ローズの叔母で保護者でもあるハンナは一人暮らしを迫られることになるし、リチャードを愛しく思っていたゾラは恋人を失うことになるし、ロビンの忠実な従僕であるアダムは、リヴェンの名を復活させ悪事に手を染めねばならない主人の共犯者にならねばならないからだ。

ようやくにして私は、フィナーレ全体の構造を、目先の体感的な歓びから悲嘆への下り坂として理解した。すなわち、ローズとリチャードが味わっている至福に始まり、デスパードとマーガレットがいずれ味わう喜びを経て、単なる傍観者へと変わるハンナ、ゾラ、アダムの境遇、そしてリヴェンが独唱する最後の曲へと至るのだ。リヴェンは、悪事を働かねばならない不幸を歌う。それは、他の曲が描くイメージより決してよくはなく、ひたすら悪い。

契約にサインしてしまった債務の惨めさよ！
誰も読めない手紙の惨めさよ！

リヴェンはなせぬことを羅列しているだけだが、実際には悪人にならねばならないのだ。

それでも連中の運命はまだましさ。

呪いをかけられた首の持ち主に比べりゃずっとましさ。
それは私のことなのさ！

この例でも、ギルバートはものすごく深いことをしているわけではない。ただ、他と変わらぬ腕の冴えを見せているだけである。その結果として、それまで気づかなかったみごとな仕掛けに驚かされることになる。この例について言えば、中世の大聖堂を建てた建築家にギルバートをなぞらえるべきだろう。その大聖堂の屋根には聖像がすえられているのだが、それを見られるのは神のみであり、人間が鑑賞できる対象ではない。このフィナーレでは、曲が矢継ぎ早に歌われるだけでなく、オーケストラの伴奏も濃密で、しかもフルコーラスのせいで歌詞が聞き取りにくい。すべての歌詞を聞き取れる観客はいないはずだ。『ラディゴア』第二幕に登場する早口三重唱の最後の歌詞を見ると、結局のところギルバートは、すべての芸術家は、時おりは自分の夢を傷つけたり、膨れたプライドで破滅しなければならないと思っていたのではないかと思えてくる。

こんなわけのわからない早口言葉じゃ
誰も聴けやしないいし、聴けたとしても意味がない。

最高裁のスチュワート判事は、ポルノ映画を定義することはできないかもしれないが、問題の

ココがティットウィローの物語を紡いで、カティシャに求愛しながら（文字どおりに）自分の首を守ろうとしているところ

作品については見てすぐにポルノだとわかったという有名な言葉を残した（これぞまさにギルバート流）。素晴らしさと（正反対とは言わないまでも）直交する事象はこれだという意見の一致が得られるものかどうかはわからない。しかし、私の庶民レベルの感覚に言わせれば（プラトンのレベルについては遠くから曇りガラスを通して見る程度の見識しかないが）、ギルバートとサリヴァンは、人の心を構成するこの特別な入り口を突き抜けていると思う。しかも、現代の熱狂的ファンは、単なるドタバタにも見える彼らの作品に夢中であることの言い訳をする必要はないと思う。実際には、計り知れないほどの価値をもつ珠玉なのだから。

『ミカド』の中でココは、カティシャに求愛すると同時に自分の首を守るために、とんでもない恋に身を焦がしてしまったせいで身を投げた小鳥の悲恋を歌う。しかしココは、確たる証拠をほとんど示さずに小鳥の物語を紡いでいる（これぞまさに、サリヴァンの感傷的な旋律にギルバートが添えるユーモアの真骨頂）。なにしろ小鳥は、「ティットウィロー」という謎めいた一つの言葉しか発しないのだ。多種多彩な世界の中のほんの些細なことでも、名人の手にかかれば、素晴らしさの魔法をかけられるのだ。

5章　『アンデスの山奥』での芸術と科学の出会い

——チャーチは絵を描き、フンボルトは死に、ダーウィンは書き、自然が瞬いた運命の一八五九年

フレデリック・エドウィン・チャーチが描いた『アンデスの山奥』が一八五九年にニューヨークで初めて展示されたとき、それを見た観客はすごい興奮と熱狂を覚えた。そんなことになったのは、商業主義と極上、大宣伝と鋭い分析というアメリカ流の興行方式特有の、一見正反対の特徴が不思議議に功を奏した結果だったのかもしれない。その絵は、重厚な額にはめ込まれた横三メートル、縦一・五メートルのキャンバスで、黒い布で覆われた壁を背に、薄暗い部屋に一つだけ置かれ、絶妙なライティングがほどこされていた。その部屋には、チャーチが南アメリカから持ち帰った植物の乾燥標本なども展示されていたようだ。観客は、その絵の荘厳さに目を見張った。雪を頂いたアンデスの高山を背景に、前景の植生は微に入り細にわたって描かれていた。チャーチが植物のファン・アイクと称されても不思議ではないゆえんである。

しかし、大衆の関心は、崇高さだけでなく物欲にも向かっていた。その絵には二万ドルという

前例のない金額が支払われたという噂が出回っていたのだ（実際には一万ドルだったが、それでも当時としては破格の値だった）。かくしてチャーチの巨大な絵には、相反するかのような理由から、高い関心が寄せられたのだ。彼が南極の雄大な景色を描いた『氷山』の展覧会用に作られたカタログには、最初に登場する図像として、『氷山』の写真、チャーチの肖像写真、サザビーズで開かれたオークションで二五〇万ドルの買値で木槌《こづち》が打たれた瞬間の写真が載っている。その写真には、「合衆国における美術品オークションでの最高額［オークションが開かれた一九八〇年の時点での最高額］に驚く人々」というキャプションが添えられている。

チャーチという画家と彼の自然観および絵画観に関する学術論争には、芸術と科学の対立という、誤った前提に立つきわめて重要な緊張状態が今も尾を引いている。しかしこの緊張状態は、チャーチが世に名高い絵を描いた以後に生じた区別が生んだ産物であり、見当違いとしか思えない。チャーチにしてみれば、科学的に正確な絵を描きたいという思いと、自然の美とその意味を表現したいという衝動は密接に関連した行為であり、そこにはいかなる矛盾もなかった。これは実り多い合体であるとチャーチが信じて疑わなかったのは、彼が心の師と仰いでいたアレクサンダー・フォン・フンボルトの考え方がそうだったからである。偉大な科学者だったフンボルトは、風景画を、自然に対する人間の愛情を表現する三大方法の一つとして位置づけていたのだ。

チャーチは、一八五九年のアメリカ展で大成功を収めた後、『アンデスの山奥』をヨーロッパに送った。フンボルトにぜひ見てほしかったのだ。三〇歳のときに南アメリカを探検して名を成したフンボルトも、すでに九〇歳になっていた。チャーチは、一八五九年五月九日、ベイヤード・テイラーに宛てて手紙を書いた。

貴君が戻る前に、『アンデス』はヨーロッパに到着していることでしょう。……絵をベルリンに持って行きたいいちばんの動機は、六〇年前にフンボルトの目を輝かせ、世界一の景色だと彼に言わしめた光景の写しを彼の御前に置く満足を味わうことにあります。

しかしフンボルトは、絵が到着する前にこの世を去ってしまい、フンボルトに対するチャーチのオマージュは実を結ばずじまいに終わった。『アンデスの山奥』がイギリスの展覧会でも大成功を収めた一八五九年の末、ロンドンではかのチャールズ・ダーウィンが『種の起源』を出版した。『アンデスの山奥』の初展覧会、アレクサンダー・フォン・フンボルトの死、『種の起源』の出版が、本エッセイの核となる。私が思うに、この三つは、チャーチの生涯において科学が果たした重要な役割と、芸術と自然界との関係という大きな問題を考える上での根幹をなしている。

科学者である私には、チャーチの絵画作品を評価したり解釈したりする資格はない。ただ言えることは、子ども時代にニューヨークのメトロポリタン美術館を訪ねて以来ずっと、チャーチの巨大な絵に興味をそそられてきた（度肝を抜かれてきたといっても過言ではない）ということだ。そこを訪れた私は、『アンデスの山奥』、中世の甲冑、エジプトのミイラという順に畏怖の念を

フレデリック・エドウィン・チャーチが描いた巨大な風景画『アンデスの山奥』

覚え、魅せられたのだ。[*1]

＊1　メトロポリタン美術館を初めて訪れた五歳のとき、私は祖母（1章を参照）を大いに面白がらせた。私は祖母に、遠いあっちの国にいた少女の頃、おばあちゃんもああいう鎧を着ていたのかと尋ねたのだ。私は母から、おばあちゃんは「中年《ミドル・エイジド》」だと聞かされていた。それを「中世《ミドル・エイジ》」と勘違いしたのだ。

しかし、私にはチャーチについて論じる資格がないとしても、少なくとも私は、フンボルトとダーウィンの世界の住人である。したがって、フンボルトがなぜチャーチや同世代の芸術家や学者にとっての偉大な心の師になったのか、ダーウィンはなぜそうした自然観を根こそぎにしてしまい、それに代わって同じくらい高貴な自然観を打ち立てることで、それ以前の秩序の信奉者たちを絶望の淵に投げ込んでしまったのかは、説明できるかもしれない。

チャーチが巨大な絵を描き始めた頃は、おそらくアレクサンダー・フォン・フンボルトは世界で最も高名で影響力のある思想家だった。それほどだった名声が現在は陰ってしまっているとしたら、それは歴史的評価は基本的に不公平で、しかも新しもの好きである証拠だろう。思想史は、革新を重んじ、大衆化を軽んじる。いつの時代にあっても偉大な師は、その世代全体の生活と考え方にとてつもなく大きな影響をおよぼすが、そんな偉人の威光も、聖人伝が新しい思想を誉めそやし、背景を切り捨ててしまうと影が薄くなる。一九世紀前半にあって、アレクサンダー・フォン・フンボルトほど科学を変え、科学の価値を高めた人物はいない。重大な霊感を与えた相手も、チャールズ・ダーウィン、アルフレッド・ラッセル・ウォレス、ルイ・アガシ（窮地にあってフンボルトから財政支援を受けた）などの科学者から、画家であるフレデリック・エドウィン・チャーチまでと多彩である。

フンボルト（一七六九～一八五九）は、母国ドイツで、やはり偉大な教師だったA・G・ヴェルナーから地質学を学んだ。ヴェルナーが鉱山に関心があったこともあり、フンボルトは安全なトーチや鉱山に閉じ込められた鉱夫を救助するための装置を発明した。フンボルトは、若い頃にはゲーテと深い親交を結び、同じく偉大な作家シラーともそこそこの関係を結んだ。そして、冒険心を満足させつつ、地球全域の自然地理学という科学を発展させるために、正確な測量と観察を行ないたいという野望を膨らませた。その結果、生物と土地の多様性が最も大きいのは山岳地帯と熱帯地方であると見定め、フランス人植物学者エメ・ボンプランを伴って、五年間におよぶ南アメリカの旅に出た。一七九九年のことである。フンボルトはこの世紀の科学的大冒険の旅で、六〇〇〇種の植物標本を採集し、きわめて正確な地図を山ほど作製し、奴隷貿易に反対するみごとな文章を書き、オリノコ川とアマゾン川がつながっていることを証明し、チンボラソ山に登って（ただし登頂はしなかった）五七〇〇メートルという高度記録（少なくともそんな記録を尊ぶ西洋人としては当時最高の記録）を樹立した。帰国する途中の一八〇四年に合衆国に立ち寄ったフンボルトは、トマス・ジェファーソンと長い会談を何回か持った。ヨーロッパに戻ると、後に南アメリカ独立の運動家となったシモン・ボリバルと友情を結び、この偉大な自由思想家のよき助言者となった。

フンボルトのその後の経歴は、南アメリカ探検とその間に几帳面につけていた記録と日記を中心に展開した。続く二五年間に、一二〇〇点の銅版画をそえた全三四巻の旅行記を出版したのだが、それでもまだ完結せずに終わった。大判の美しい地図は、地図業界の羨望《せんぼう》の的になった。チャーチその他、フンボルト崇拝者たちにとってなにより重要だったのは、フンボルトが一八二七〜二八年に計画した、簡潔に凝縮してすべてを盛り込んだ啓蒙書の出版だった。その書『コスモス』の最初の二巻は一八四五年と一八四七年に、最後の三巻は一八五〇年代に出版された。出版後ただちに主要なヨーロッパ言語に翻訳された『コスモス』は、これまでに出版されたポピュラーサイエンスの本としては最も重要な著作として位置づけられるかもしれない。

チャーチがフンボルトから大きな影響を受けたことについては微塵《みじん》の疑いもない。チャーチは、フンボルトの旅行記も『コスモス』も所有しており、再読を繰り返していた。たいがいの画家がヨーロッパ諸国を漫遊して創作上の霊感や題材を仕込んでいた当時にあって、チャーチはフンボルトにならって逆コースをたどった。チャーチは、風景画家の大家トマス・コールの徒弟を務めた後、フンボルトにならい、一八五三年と一八五七年に南アメリカ高地の熱帯地方を旅した。エクアドルのキトでは、その六〇年近く前にフンボルトが住んでいた家を捜し出して自分もそこに滞在した。彼が大作を次々とものした一〇年間（一八五五〜六五年）は、芸術と科学は一体だと

フレデリック・エドウィン・チャーチの『氷山』

いうフンボルトの美学と信念を体現した時期だった。熱帯の対極にあたる画題にさえ、フンボルトの影響が見て取れる。『氷山』および極地に対するチャーチの心酔ぶりは、フンボルト二度目の大探検である一八二九年のシベリア滞在と密に関係している。チャーチが初めてヨーロッパを訪ねたのは一八六七年のことだったが、西洋絵画揺籃の地が新たな創造力をみなぎらせてくれることはなかった。

フンボルトの観点を知るには、『コスモス』の構成を見るのがいちばんだろう。序文の最初のページで、フンボルトは壮大な目論見を開陳している。

　私を突き動かしているのは、物理的な現象相互の全般的な関連を理解し、内的な力によって命を吹き込まれ動かされている総体として自然をとらえたいという強い衝動である。

それに続けて、「自然は多様な現象を見せる統一体である。形態も属性も異なるあらゆる創造物を混ぜ合わせつつも調和を保ち、生命の息吹によって息づいている大きな統一体なのだ」とも書いている。内的な法則と力の調和によって自然界の統一が保たれているという考え方は、単にフンボルトの片鱗を大書きしているだけのものではない。この見方こそ、自然の因果律に関するフンボルトの見解なのだ。この生命観と地質観は、チャーチに霊感を与えた指導原理であると同時に、内的な力と外的な（ほぼランダムな）力との軋轢とバランスを重視したダーウィンの理論によって粉砕された指導原理でもあった。
『コスモス』の第一巻は、今ならば自然地理学と呼ばれるべき科学を可能なかぎり壮大な規模で扱っている。フンボルトは、いちばん遠い星から、植生の分布を決めている土壌と気候の微妙なちがいまでを論じている（『コスモス』は、基本的には地理学の著書であり、事物の自然な形状と場所に関する論考である。したがってフンボルトは、通常の生物学は論じておらず、生物については、地理的な分布と環境への適合を基本に論じている）。
『コスモス』は、フンボルトが追い続けていた統一というテーマを大まじめにせいいっぱい壮大に論じている。第一巻が宇宙の物理的記述であるとしたら、第二巻は、自然に対する人間の感性の歴史と形態を論じた超大作であり、今読んでもチャーチの時代と変わらず美しい上に現実味がある（遅れて出版された残る三巻は、物理的世界の事例集となっている。この三巻は、最初の二巻ほどには評価されていない）。フンボルトは、全体的な構成について次のように書いている。

私は二重の観点から自然について考察してきた。まず最初に、現象から見て取れる客観的な存在として自然を提示する努力をし、次に、その中にいる人間の思考と感情に印象づけられるイメージとしての自然を提示するというものである。

フンボルトは第二巻を、われわれが自然に対する愛情を表現する際の三つの主要な様式（と彼が考えるもの）についての議論から始めている。すなわち、詩による表現、風景画（チャーチにおよぼした影響という点で論じる価値あり）、それとエキゾチックな植物の栽培（チャーチは熱帯植物の乾燥標本と押し葉標本を大量に集めていた）の三つである。そして第二巻の残りの部分では、自然界に対して人間はどのような態度をとってきたかという歴史的考察を、驚くべき博識と百科全書的な脚注を駆使して論じている。

フンボルトは、ヴォルテール、ゴヤ、コンドルセといった偉大な知性の持ち主たちと並び称されるほどの啓蒙思想家の典型だった。彼はきわめて長命で、啓蒙思想がその全盛期を終えた後まで存命だったにしろ、彼自身の信念は堅固なまま変わることなく、幻滅を味わった世界に輝く希望の星的存在だった。フンボルトが広めた啓蒙思想は、人類の歴史は智の拡大に支えられるかたちで向上し調和へと向かうという信念だった。現時点では人間のあいだに格差が存在するにしても、すべての人種は等しく同じ向上の道を歩むというのだ。フンボルトは科学者として、一九世紀において最も有名な平等の概念を述べている（27章も参照）。

われわれは、人類は一体であるとの考えに立った上で、人種間には優劣があるという忌まわしい主張をはねのけている。たしかに、文化程度、文明化の度合い、教養のレベルなどは国によって差がある。しかし、気高さという点での差は存在しない。すべての人間は、等しく自由を享受するようにつくられているのだ。

フンボルトは、向上という点に関して自由思想的な信条を表明する中で、保守派の論客エドマンド・バークが標榜する標準的な見解と自らの一体論とを比較している。自由思想に反発するバークらは、感情と知性は別の領域に属するものとして区別されるべきだと主張していた。すなわち、大衆を突き動かしているいちばんの要素である感情は、危難と破壊へと導くというのだ。したがって大衆は、知性によって建設的に権力を振るえるエリート層の下で支配され制約を受けるべきだという。

それとは対照的なフンボルトの見解は、感情と分析、情緒と観察との統合、積極的な相互作用を称揚する。適切に方向づけられる情緒は、無知という危険な力として作用することはなく、自然を深く正しく認識するための前提条件であるというのだ。

星雲や恒星がちりばめられた天空とヤシなどの植生に厚く覆われた地球表面を丹念に観察する自然観察者の心には、現象間の大きな相互作用を調べることに不慣れな者に対してよりも、創造主の存在を強く印象づけずにはおかない。したがって私は、「あらゆる賞賛、とりわけ熱狂を引き起こす源は自然に対する無知である」というバークの主張には賛同しかねる。

ロマン主義者は、正確な観察や測定の無味乾燥さよりも自由奔放な感情のほうが優れていると主張するかもしれない。しかしそれは戯言《たわごと》である。それに対して、合理性に重きを置く啓蒙思想は、感情と知性との相互作用による強化を最重要視していた。

情緒について語るのはどうにも気が進まない。情緒は、狭量な視点やある種の病的な感傷癖から生じているとしか思えないからだ。つまり、自然の秘密を解き明かす方法を知れば知るほど、天体の運動の仕組みを理解すればするほど、自然の力の強さを算出すればするほど、自然がもつ力に秘められた魅力と不思議さがどんどん失われていくと不安がっている連中のことだ。……公衆の意見が向上し、あらゆる分野の知識が増大している現代にあってもそのような誤った考えにしがみついている連中は、智の領域があらゆる分野で拡大していることの意味、個別の詳細な事実が一般的な結果を導くことの重要性を正しく理解できないのだ。

フンボルトは、感情と知性の相互作用は互いを高め合い、より深い理解をもたらしてくれると考えていた。感情は、われわれの興味を突き動かし、詳細な事実と原因を科学的に解明したいという熱烈な欲求を導く。そうやって得られた知識が、次には、自然の美しさに対する認識を高めてくれる。感情と知性が相補的に作用することで、理解がもたらされるのだ。自然現象の原因を知れば、畏怖と驚異の念はますます高まる。

素養のない人が受ける直感的な印象は、教養のある知性がひねり出す推論と同じように、すべての自然は一本のほどけない鎖によって結ばれているという、本質的に同じ信念を導く。……自然の光景を見て強い印象を受けるという体験は、決まって、見る者の心の中で同時に刺激される思考と感情の相互作用がもたらす結果なのだ。

フンボルトは、相互作用による強化という考えに基づいて自らの美学を唱えた。偉大な画家は科学者でもあらねばならない。あるいは少なくとも、詳細で正確な観察を心がけると同時に、科学の専門家を突き動かす因果的な説明に精通しなければならない。視覚芸術にとって、風景画とは知識は一つであることを表現するための最適な様式になる（詩は文芸の担い手であり、異国の植物栽培は実用的技芸である）。偉大な風景画家は、自然と人間精神の両方に仕える最高の使徒である。

チャーチは、フンボルトの美学を自らの指針として受け入れた（思うに、ヒューマニズムをこれほど高らかに謳い上げた人物はいなかったのだから、受け入れないはずがない）。チャーチは、最高の科学的な画家という高い評価を得た（当時は、そのような称号はあくまでも誉め言葉であり、過小評価ではなかった時代だった）。正確な観察を心がけ、前景には精緻に描いた植物を配し、背景には地形を描くチャーチの趣向を、美術評論家や鑑定家は、チャーチの絵画の本質であり、見るものに畏怖と荘厳さの念を抱かせることに成功している鍵であると見ていた。

チャーチによるコトパクシ山の絵の一枚。低地熱帯の植生から雪を頂いた火山の山頂までの生活帯が描かれている

チャーチが目指し、フンボルトが称揚したのは特定の場所を写真のような正確さでひたすら描写することだったなどと言うつもりは毛頭ない。たしかにフンボルトは、自然のカラースケッチは大切だと力説していたし、写真でもいいと言っていた（写真はまだ発明されて間がなかったが、写真は風景の基本的な形状を写すだけで重要な細部までは無理だと、フンボルトは思っていた）。しかしフンボルトは、素晴らしい絵画の条件は、想像力を発揮して地形や植生を細部まで正確に再構成されていることであって、特定の場所の再創造ではないと認識していた。

どの分野の芸術もそうだが、風景画についても、凝視と直接観察によって得られるかぎられた範囲の要素と、かぎりない奥行きと感覚、理想的な精神力から発する要素とを区別しなければならない。

熱帯を描写したチャーチの絵は、どこか特定の場所を描いたものではない。多くの画題は、低地の豊かな植生から雪を頂いたアンデスの山並みまで一望できる理想的な場所を設定することで、すべての生活帯を一枚のキャンバスに収めている（たとえば眺望のよい理想的な場所を設定し、アンデスにそびえる世界最高峰の活火山コトパクシを描いた絵は何点かあり、なかでもいちばん有名な作品に低地は描かれていないが、他のほとんどの作品では、それほどの高地には生えているはずのないヤシなどの熱帯植物が描き込まれている）。しかも意識してのことではないと思うが、チャーチは背景の地形を常に正確に描いているわけではない。火山学者のリチャード・S・フィスクの発見によれば、チャーチは、左右対称の円錐形をしたコトパクシ山の側面を実物よりも急斜面に描いている。しかしこの「絵画的許容」が正確な描写を心がけた結果に見えてしまうからおもしろい。なにしろフンボルト自身も、コトパクシ山を実際よりも急傾斜に描いていたのだ！

フンボルトはチャーチに対して、一般的な美学や、科学と正確な観察の価値をはるかに上回る影響を与えていた。風景画は、視覚芸術において自然を賛美する主要な様式であるという見方もある。しかし、数ある地上の風景のなかから、驚異の念を起こさせる最高の風景など選べるものだろうか。その問いに対してフンボルトは、アマゾンの熱帯雨林を救うべく戦っているエコロジームーブメントを今もなお駆動している美的信念に基づいて答えている。生命と景観の多様性が最大であることが、美的歓びと知的驚きの最高善であるというのだ。最大の多様性は、南アメリカのアンデス高地において二つの最高の条件を享受することで成立する。一つは、熱帯域では植生の多様性がとんでもなく大きいことが、赤道地帯を西洋人が居住している温帯域よりもはるかに多様な地域にしていることだ。もう一つは、多様性は高度差の幅によって大いに高められるというものだ。一つの地域で低地から高山の頂上までそろっているというのは、低地が赤道域から極地までカバーしているのと同じことになるからだ。赤道直下でも、高山ならば極地の代わりになる道理だ。ヒマラヤも捨てたものではないが、緯度が高すぎるせいで、熱帯低地の植生帯をカバーしていない。南アメリカのアンデス山地が風景画の最高の題材になったのは、雪を頂いた雄大な山系の麓《ふもと》にジャングルに覆われた低地を抱えているところは、地球広しと言えどもここしかないからである。そういうわけでフンボルトは南アメリカを選んだし、ダーウィン、ウォレス、フレデリック・エドウィン・チャーチも、かの地で芸術と自然史の恩恵に浴した。フンボルトは次のように書いている。

ふだんは地中海周辺の狭い地域を行き来していた才能豊かな画家が、遠く大陸の深奥にある熱帯雨林の谷あいに出向き、じつに多様な自然の真の姿を純真無垢な目で観察することができたとしたら、これまでなかったような斬新な風景画が生み出されるはずだと期待できはしないだろうか。

チャーチがまだ小さな子どもだった頃、田舎牧師になるつもりだったイギリスの一大学生がフンボルトの旅行記を読み、人生を変えるほどの影響を受けた（牧師になるつもりだったのは宗教的な理由からではなく、自然史学に割く時間をたっぷりとりたかったかららしい）。それこそがチャールズ・ダーウィンで、彼は牧師になるのをやめ、歴史上きわめて重要な知識人となった。フンボルトは、ダーウィンにも重大な影響をおよぼしたのだ。ダーウィンを自然史学に目覚めさせ生涯の職業として選ばせるにあたっては、二冊の本の影響が大きかった。J・F・W・ハーシェルの『自然史学入門』とフンボルトの『新大陸赤道地方紀行』（一八一四〜二九）である。晩年にさしかかったダーウィンは、当時の思い出を自伝で語っている。

この二冊の本は、自然科学という壮大な体系にいささかなりとも貢献したいという思いを私の中にたぎらせた。この二冊ほど、私に影響をおよぼした人も本もない。

じつはダーウィンは、熱帯への旅行は大切だというフンボルトの意見に感化されて、虫屋仲間とカナリヤ諸島への旅行を計画した。その計画にはダーウィンの恩師である植物学者のJ・S・ヘンズローの名も入っていた。そしてこの決断が、間接的ではあるにせよ、ビーグル号での航海への招待状をダーウィンにもたらすことになった。つまりここから歴史が始まったのである。事の次第は、数学者のジョージ・ピーコックが、若くて熱心な自然史学者をフィッツロイ艦長に推薦してくれないかとヘンズローに依頼し、熱帯旅行に胸焦がすダーウィンの情熱を汲み取ったヘンズローがその職を愛弟子に紹介したというものだった。ビーグル号は、結果として五年をかけて地球を一周した。しかし当初の計画では、南アメリカ沿岸の測量が航海の主目的であり、ダーウィンはフンボルトの最愛の土地周辺やその内陸で大半の時を過ごす予定だった。自然淘汰説を同時に思いついたダーウィンとアルフレッド・ラッセル・ウォレスの二人が、共にフンボルトの影響を受けたと語り、実際に若者として南アメリカを長期にわたって旅したという事実は、単なる偶然ではない。ダーウィンは、ビーグル号の航海のための準備で余念がなかった一八三一年四月二八日に、姉のキャロラインに次のような手紙を書いている。

ぼくの頭は熱帯を駆けめぐっています。朝は温室に行ってヤシの木を眺め、家に戻ってフンボルトを読む。もう椅子にじっと座っていられないほど興奮しています。

熱帯に息づく生命の多様さを初めて目の当たりにしたダーウィンは、狂喜乱舞した。実物はフンボルトの記述以上だったのだ。ブラジル滞在中の一八三二年二月二八日に書いた日誌を見てみよう。

フンボルトの壮麗な記述は未来永劫比類なきものだろう。しかし、熱帯の景観を描写する際に発揮されている詩と科学との稀有な結合をもってしても、現実世界には遠くおよばない。このような場合に経験する歓喜は心を当惑させる。派手な蝶の飛翔を目で追おうとしているのに、珍しい木や果実につい目がとまってしまう。昆虫を観察しているのに、そいつが這《は》い回っている珍しい花に目を奪われてしまう。あたりの景色を観賞しようとしても、手前の個々の造作につい集中してしまう。心は歓喜の混乱状態だ。そこから、先に広がる世界と静かな歓びが湧いてくる。今のところはまだ、フンボルトを読むだけですませられる。フンボルトは、ぼくが目にしているすべてのものを輝かせる太陽のような存在だ。

その数カ月後の五月一八日に恩師ヘンズロー宛に書いた手紙の表現はもっと簡潔である。「これほど強烈な歓びは初めてです。以前はフンボルトを賞賛していましたが、今はほとんど崇《あが》めています」

ダーウィンは、ただ感情のままにフンボルトに心酔していたわけではない。フンボルトの美学を詳しく研究し、ビーグル号航海の日誌で何度も言及している。一八三二年にリオデジャネイロで書き込んだ内容を見てみよう。

今日一日、フンボルトがたびたびほのめかしている、「空気の透明感を損なわないほどの薄い蒸気が、周囲と柔らかく調和したままその存在を主張している」等々の記述を強く実感した。これは、温帯域では観察したことのない気配である。半マイルか四分の三マイルほど先に透けて見える大気は、完璧に透明なのに、もっと先の方では、すべての色彩がきわめて美しい靄《もや》に溶け込んでいた。

あるいは、帰国した後の一八三六年には次のように要約している。

音楽と同じで、すべての音符を理解している人は正しい審美眼の持ち主だとしたら、もっともっと楽しめるはずだと強く思うようになった。したがって、素晴らしい光景を構成する個々の部品を吟味することが、全体の効果を十分に理解することにつながるのではないか。そうなると、旅行者はすべからく植物学者であらねばならない。どこを見ても、装飾の主体は植物なのだから。むき出しのごつごつした岩の塊はどうだろう。しばらくは壮観な眺めとして映るかもしれないが、すぐに単調に見えてくるはずだ。さまざまな鮮やかな色で塗れば、奇異に見えるだろう。植物の衣を着せれば、美しい絵画のようにとはいかないまでも、まずまずの見かけになるにちがいない。

フンボルト自身でも、多様性の価値について、これ以上の文章は書けなかったのではないか。個々の部品を詳しく知ることで、つまり芸術的な歓びと科学的な理解の結合で、美的理解はなおいっそう高められるというフンボルトが好む主張を、ダーウィンはみごとに表現している。

そういうわけで、このドラマの運命の年である一八五九年に到達した。この年、フンボルトはベルリンで死の床にあった。一方、地理的にも職業的にも地球半周分くらい離れた地にいた二人の有力人物は、そもそもはフンボルトに焚きつけられたことに由来する名声の頂点に達した。フレデリック・エドウィン・チャーチは『アンデスの山奥』を公開し、チャールズ・ダーウィンは『種の起源』を出版した。

ここでわれわれは、すごい皮肉に遭遇する。しかも、ほとんど最悪ともいえるやつだ。フンボルト自身は、『コスモス』第一巻の序文で、科学の偉業は革新的知識の洪水を引き起こすことで自らを忘却の淵に追い込む定めにあるのに対し、文芸の古典は決してその価値を失わないというパラドクスを述べているのだ。

知的活動に基づく純粋な文芸作品は感情の奥底にしっかりと根づき、想像力の創造力と絡み合っているのに対し、経験的知識や自然現象、物理法則などを取り扱う仕事はみな、短時間のうちに大きな変更を迫られる対象である。そのことを考えると、がっかりさせられることが多い。……新たな知識の集積によって古臭くなってしまった科学の仕事は、読んでもしょうがないものとしてどんどん忘れ去られていく。

フンボルトの観点は、ダーウィンの手によって一八五九年にこの定めを被った。進化という事実そのものを皆殺しの天使と同等視することはできない。進化論にもいろいろあって、進化は必然的に前進的であって内的な力によって駆動されるとする考え方ならば、この世は調和に満ちているというフンボルトの考え方ときわめてよく合致するからである。むしろ、ダーウィンの進化理論である自然淘汰説とその提示のしかたの背景をなす過激な哲学が、フンボルトの心地よい視点を忘却に追いやったというべきだろう。悲しいことにフレデリック・エドウィン・チャーチは、フンボルト以上に、その心地よい哲学的視点に入れ込んでいた。なぜならチャーチは、フンボルトとは違い、創作と心の平安の源としてキリスト教信仰を最重要視しており、自然は本質的に全体として調和しているという考え方も信仰に負う部分が多かったからである。

ダーウィン流の世界観をとりあえず三つだけ考えてみよう。いずれもフンボルトの考え方とは本質的に相容れないものだ。

一、自然は競争と闘争の舞台と読み換えられるべきであって、素晴らしく調和した世界などではない。秩序と適応したデザインを生み出すのは自然淘汰であって、しかも闘争の副産物でしかない。ホッブスの言う「万人の万人に対する闘争」こそが、自然界において日常的に繰り広げられている現実の原因を言い表わしている。ここで言う闘争は、あくまでも隠喩的なものであり、血なまぐさい戦いではない（植物は砂漠の縁で厳しい環境と闘っているという言い方ができると、ダーウィンは述べている）。しかし、競争では武器が使われ、生死が分かれる場合の方が多い。さらには、闘争は生物個体の繁殖成功をかけたものであり、より高度の調和を実現するための奉仕などではない。ダーウィンはきわめて辛辣《しんらつ》な隠喩を用いて、見かけ上の調和は危険な誤解であると述べることで、フンボルトの信念とチャーチの絵画を真っ向から引き裂いている。

自然は歓びで輝いているように見えるし、食物で満ちているように思える場合が多い。しかしそれは、安穏と囀《さえず》っているように見える小鳥もじつは昆虫や種子を食べており、いつも命を奪っているのだという事実を見ていないか忘れているのだ。あるいは、小鳥の親や卵やひなの多くは猛禽《もうきん》や肉食獣の餌食になっているという事実も忘れている。

二、進化の系統は、より高等な状態とか、より高度の統一性といった定まった方向へと向かうものではない。環境への適応をもたらすのは自然淘汰のみであり、それは生息環境の変化に対する生物個体の対応の差によるものだ。環境変化の地質学的、気象学的な原因も、定まった方向を課すものではない。進化は日和見《ひよりみ》的に起こるものなのだ。

三、進化をもたらす変化は、内的で調和的な力によって生じるわけではない。進化は、生物個体の内的な特徴と環境変化という外的要因とのバランスの表われである。この内的な力も外的な力も、それぞれ偶発的な要素をたくさん秘めている。この点でも、統一性と調和へと押しやる推進力という考え方はお払い箱となる。進化をもたらす変異の究極の源である遺伝的突然変異という内的な力は、自然淘汰がかかる方向とは関係なく作用する。環境変化という外的な力は、生物の向上とか複雑化といったことにはお構いなしにうつろう。

フレデリック・エドウィン・チャーチのほかにも多くの人文主義者が、ダーウィンの一見無慈悲な新しい自然観に気持ちを引き裂かれた。あらゆる構成要素まで調和で満ちるように世界は造られているという心安らぐ世界観を失ったことで、一九世紀後半から二〇世紀初頭の文芸界には大きな落胆と悲しみが広まった。その時期にそれほどの影響力を発揮したテーマは他になかった。トマス・ハーディは、「自然からの疑問」と題した印象的な詩で、ダーウィンがもたらした新世界の事物や生きものが、沈黙の中にも絶望感を漂わせていると詠った。

夜明けに見た水溜まり、
草原や羊の群れやぽつんと立ち尽くす樹木。
みんなじっと私を見つめ返すようだ。
まるで教室で黙って座っているお行儀のよい生徒たちのようだ。

彼らはただ、ささやくように口を動かすのみ。
（かつては明快な響きだったのに
今は息づかいさえ聞こえない）——
「なぜどうして、われわれはここにいるのだ！」

私は性格分析や心理歴史学のファンではないし、ダーウィンの革命がチャーチの画業におよぼした衝撃を細かく推測するつもりもない。しかし、一八五九年に起きた出来事の偶然の一致と、それがチャーチのそれ以後の三〇年の人生におよぼした衝撃を無視するわけにはいかない。私はこの調査を開始したとき、[*2]チャーチが一九〇〇年まで生きていたことを知って驚いた。チャーチの作品とその意義に関する評価はダーウィンがもたらした分岐点直前の世界で固まっていたと、私は思っていた。そのため、チャーチという生身の人物が二〇世紀を垣間見るまで存命だったとは、想像もしていなかったのだ（これを知ったとき、私は思わずロッシーニを連想した。ロッシーニはワーグナーの時代まで存命だったが、ロッシーニ作曲のオペラはその三〇年も前に、すでにベルカント唱法が一世を風靡《ふうび》していた時代の遺物となっていた。あるいはロシアの政治家ケレンスキーに喩えてもいいかもしれない。ケレンスキーは、レーニンに国を追われた後も五〇年以上も生き延び、ニューヨークで老いた亡命者としてこの世を去った）。

＊2　この一文は、もともと一九八九年に首都ワシントンの国立美術館で開催されたチャーチの回顧展の図録のために書いたものである。

私が驚いた理由の一つは、チャーチがその後も作品を描いていたという事実にある。彼は一八九〇年代になっても絵を描き続けていたが、一八六〇年代以降、巨大な風景画は制作しなかった。巨大風景画から手を引いたことに関しては、思想的なものではない理由がいくつかある。その一つは、彼はすでに画家として財をなしていて（世に多い貧乏画家とは対照的）、後年は、ニューヨーク州北部ハドソン川沿いに建つ豪勢なお屋敷オラナの設計や家具調度の設《しつら》えに専念していたことである。別の要因としては（これがいちばん納得できる理由だが）、炎症性のひどいリューマチを患っていて、最終的には絵筆を握れなくなってしまったことだ。それでも私は、ダーウィン革命によって自らの自然観が崩壊したことで、あのような風景画を描く情熱が二度ともてなくなったことも大きいのではないかと思っている。それまで気力を奮い立たせていた調和が血なまぐさい闘いの場に変じてしまったとしたら、あまりにも辛すぎて洒落にもならないのではないだろうか。

オラナの屋敷にあるチャーチの書庫にはたくさんの科学書が残されており、それは彼が自然史学の最新の考え方を追い続けた証拠であると、何人もの研究者が指摘している。しかしこの主張は認めがたい。自然史学史家である私の見るところ、チャーチの蔵書リストは事実上正反対の結論を示唆している。たしかにチャーチはたくさんの科学書を所有していた。だがここでは、犯行時に犬が「吠えなかった」ことこそが事件の真相を解く鍵だと見抜いたシャーロック・ホームズの教えに従うべきだろう。チャーチの蔵書リストで重要なのは、所有していなかった本なのである。チャーチは、フンボルトの著書の素晴らしいコレクションを所有していた。動物の地理的分布と熱帯生物学に関するウォレスの著書も購入していたし、ダーウィンの『ビーグル号航海記』と『人間と動物の感情表現』（一八七二）も購入していた。進化は生命物質がもたらす内的な力によって否応なく前進的に進むという考えを支持し続けたクリスチャン進化論者たちの主要な著作も所有していた。たとえばH・F・オズボーン、N・S・シェイラーといった人たちである。ところが、ダーウィン進化論の中枢をなす『種の起源』（一八五九）と『人間の由来』（一八七一）は所有していなかった。さらに重要なのは、機械論あるいは唯物論的な著作は一冊たりとも集めていなかったらしいことである。E・H・ヘッケルの文字は一つもないし、T・H・ハクスリーの著書は宗教に関するもの一冊のみである。この両人の著作は、一九世紀後半における進化論の一般向け著作としては売れ行きにおいて群を抜いていたにもかかわらずである。思うにフレデリック・エドウィン・チャーチは、ハーディの詩で詠われている生きものたちが味わっていた苦痛と困惑に似た信念の危機に見舞われていたのではないだろうか。ダーウィン流の世界がもたらす結果を直視することに耐えられなかったのではないかと思う。

こんな憂鬱な結論で本稿を締めくくりたくはない。その理由は、できればいつも陽気な気分でいたいということもあるし、そのような終わり方は美的鑑賞に耐え、事実としても正しい結末を旨とする私の物語にふさわしくないからだ。フンボルトの考え方のなかで、自然界の調和という誤った見解よりも重要と思える観点、したがってチャーチの素晴らしい絵が訴えかける力と美を支えている要因と思える観点を支持して、この稿を閉じることにしたい。それと同時に、ハーディの哀歌とチャーチの沈黙はダーウィン流の新世界に対して人文主義者たちが示した最も有効で適切な反応とはかぎらないということも言っておきたい。その種の反応は、最初に受けたショックと失望の結果ではあるかもしれないが、よくよく考え、両方向から理解した上での結論とは思えないからだ。

なによりもまず、先にも引用した、科学の偉大な仕事はさらなる進展の種子を蒔《ま》くことで取って代わられるというフンボルトの主張は正しい。フンボルトも付け加えているように、このことは失望ではなく科学の歓びにほかならない。

そのような定めにあることは、なるほどがっかりさせられることではある。しかし、自然に対する真の愛情と自然を研究することの尊さに駆り立てられている者であれば、さらなる知見が追加されて知識の総体が完成度を高めることを約束する行為を嘆き悲しんだりはしない。

第二に、これは本エッセイの主題にとってはるかに重要なことであるが、自然を深く理解するにあたって芸術と科学との相互作用の重要さを強調している点において、フンボルトは正しい。なればこそチャーチが発展させた壮大な観点は、自然観察の原理と現実性への忠実さを、想像力による比類のない構成力と組み合わせるという点で、当時においても現代との関連においても正しい。それどころか、そういう観点はフンボルトやチャーチの時代よりも現代の方がむしろ重要であり、有意義であるとさえ言えるかもしれない。なぜなら混乱状態、専門のたこつぼ化、人文主義の伝統においてはベストとされる連関や統合を図る努力に対する無関心が今ほどあふれている時代はないからだ。芸術家は科学を軽蔑したりはしていないし、科学者は、芸術がなかったとしたら倫理的にも美的にも不毛な状態——瞬時に崩壊しかねない現代にあっていちばん危険な状態——で仕事をすることになる。ただし、業界用語が人々を分断し、反知性主義がわれわれの力を削ぐならば、統合の達成は、かつてなかったほど難しい事業となる。フンボルトとチャーチの統合的な観点にインスピレーションを見出すことはまだ可能なのだろうか。

荒涼たる光景をたたえるダーウィン流の世界にあってはそのような統合がフンボルト流の世界よりもなおいっそう困難になるということを、私も否定はしない。しかし見方を変えるなら、ダーウィン流の世界の荒涼さは正しい解答を指し示してもいる。それはダーウィン自身が明快に表明している視点である。自然はあくまでも自然なままであり、人間を喜ばせるために存在しているわけではないし、道徳的指針となるためでも、人間の楽しみのために存在しているわけでもない。したがって、自然が常に（あるいは優先的に）人間の希望にかなうとはかぎらない。フンボルトは自然に多くを求めすぎたし、自らの哲学を特定の結果に結びつけすぎた。そのせいで、危険と言ってもいいくらいに怪しい方策を選択してしまった。自然は冷淡であり、人間の欲求に応えてくれるとはかぎらないではないか。

ダーウィンは、そうした冷たい哲学を持ち前の豪胆さでしっかりと受け止めた。自然の成り立ちに希望とか倫理を読み取ることはできないし、そうすべきでもないと論じている。人間の立場からの美的心理とか倫理的心理という概念は、人間の言葉で組み立てられるべきものであって、自然の中に「見つける」べきものではないのだ。それらに対する答は自分たちのために構築し、自然に対しては、別の種類の疑問に答えてくれるパートナーとして接するべきなのだ。人生の意味に対する答を自然からもらおうなどと思ってはいけない。問うべきは、宇宙はどのような構造なのかといった疑問である。自然に対してそれ自身の領域の独立性——人間の都合にとらわれない答——を認めるならば、慎ましやかでのびのびとした自然の素晴らしい美しさを認識できるだろう。そうなれば、自分たちの願望や恐怖を和らげるための倫理的メッセージを自然に求めるという不適切で不可能な探求から解放されて、自然に接することができるようになる。自然の独立性に正当な敬意を払い、自然のあり方を人間の都合とは異なる美や霊感のあり方として読み取ることができるようになる。そこで私は、最後にダーウィンの言葉を（一八三二年一月一六日の日誌から）引用することにする。ダーウィンは、変化をもたらす仕組みとしての自然淘汰を否定することはできなかったが、自らの美的感覚や子どものような驚きの念を失うことは決してなかった。ダーウィンは、アンデス山地の奥地に立ち、次のような言葉を発した。

ぼくにとってはすごい一日だった。日の見えない人が視覚を授かったように、初めて目にする光景に圧倒され、何がなんだかわからない状態と言ってもいい。それがぼくの今の気持ちであり、この気持ちはずっと残るだろう。

第三部　ダーウィン以前と副産物

6章　マルクスの葬儀に出席したダーウィン主義者の紳士

——進化論が生んだ奇妙な組み合わせの謎を解く

ヴィクトリア朝の骨董品《こっとうひん》の棚といえばごた混ぜの極地を思い浮かべるが、そんな棚に最もふさわしくないものは何だろう。もうちょっと広い面積を例に出すなら、ロンドンのハイゲート共同墓地におよそ似つかわしくないものは何だろう。この墓地は、草ぼうぼうで大仰な彫像が林立する、世界で最も奇妙な墓地である。その写真集に曰く、「ヴィクトリア朝の合祀所……立ち並ぶ柱廊とくねくねした通路と墓石、地下墓地からなる迷路……ヴィクトリア朝という時代とヴィクトリア朝の死生観に対する記念碑……そこかしこにきわめて高名、往々にしてきわめて奇矯な墓が見つかる場所」（F・バーカーとJ・ゲイがロンドンのジョン・マレー出版社から一九八四年に出版した『ハイゲート共同墓地』からの引用。ちなみにダーウィンの主要な著書もみなこの出版社から出ている——イギリスの継続性にポイント1！）。

ハイゲートには、ヴィクトリア朝を生きたじつにさまざまな人物が眠っている。マイケル・ファラデーといった著名な科学者から、ジョージ・エリオットなどの文学者、ハーバート・スペンサーなどの大学者、トム・セイヤーズ（素手でのボクシングのチャンピオン）といった大衆文化のスター、はては幼くして無残な死を遂げた庶民――「服に火がついて焼死した」ハムステッドの少女やタンガニーカ湖の湖岸で一八九九年に七歳で死んだ「少年伝道師」の「リトル・ジャック」――までといった多彩さなのだ。

しかし、ハイゲート共同墓地には、ヨーロッパ史の奇妙なエピソードを忘れた人にはいかにも場違いに見える墓石が一つある。カール・マルクスの墓が、国家の（街灯から下水システムまで）あらゆる介在に関してマルクスとは正反対の立場をとったライバルであるハーバート・スペンサーの墓と近接しているのだ。巨大な胸像を頂いたマルクスの墓の高さが、その違和感をいっそうつのらせる（マルクスの遺体は、当初、目立たない場所に粗末な墓標を立てて埋葬されたのだが、見物客から墓の場所がわからないという苦情が殺到したため、一九五四年にイギリス共産党が募金を募り、墓の場所も高さも目立つようにした。マルクスの墓の違和感をなおいっそう際立たせているのは、少なくとも何年か前までは、みな似たような服を着込んでむっつりした表情を浮かべたロシアや中国からの巡礼団がひっきりなしに訪れ、墓の写真を撮ったり「友愛」の花輪を手向けていたことだ）。

マルクスの墓石は度外れているかもしれないが、彼の墓がここにあることに違和感はないだろう。マルクスは一八四八年の三月革命での活動（および政治的トラブル全般――マルクスとエン

ロンドン、ハイゲート共同墓地にあるカール・マルクスの墓

ゲルスは一八四八年に『共産党宣言』を出版した）のせいでベルギー、ドイツ、フランスでの亡命生活を経て、生涯の大半をロンドンで過ごした。マルクスは一八四八年八月、三一歳のときにロンドンに住み着き、一八八三年に死ぬまでそこで暮らした。主要な著作のすべてはイギリスの異国人として執筆したものである。『資本論』を執筆するための資料は、大英博物館の素晴らしい（しかも閲覧無料の）図書館が提供した。

ロンドンでのカール・マルクスの客死についても、いささか異常な事実がある。しかもこれは、容易には解けない謎である。というよりも、私の専門である進化生物学の歴史に属する些細な不調和であり、私の大のお気に入りの謎なのだ。私はかれこれ二五年もこの気がかりに取りつかれていた。そしてだいぶ前に、このエッセイシリーズに終止符を打つ前に謎を解明してやろうと自分に誓った。それでは再びハイゲート共同墓地に戻り、一八八三年三月一七日に執り行なわれたカール・マルクスの葬儀に話を戻そう。

マルクスの終生の友であり協力者だった（しかも一族がマンチェスターで紡績業を営んでいたおかげでマルクスに経済的支援をした「エンジェル」でもあった）フリードリッヒ・エンゲルスは、小冊子を編纂した（フィリップ・S・フォナー編『カール・マルクスが死んだ――1883年からのレポート』参照）。エンゲルス自身は葬儀の席で短いスピーチを英語で行なった。その中にはよく引用される次のような有名な言葉が含まれていた。「自然界ではダーウィンが生物進化の法則を発見したように、マルクスは人類史における進化の法則を発見した」。会葬者の数に関して、当時の報道には微妙な差があるが、いちばん大盤振舞の報道でも、埋葬に立ち会ったのはわずか九人だったという。その時点の知名度と後世の影響との乖離ということで言えば、おそらくこれを超えるのはモーツァルトの共同墓地への埋葬くらいだろう（ただし、火刑に処された天文学者ブルーノやギロチンにかけられた化学者ラヴォアジェといった有名人は除く。国家権力によって処刑されたわけで、葬儀など認められなかったからである）。

礼拝定足数の一〇人に満たないとはいえ、会葬者のリストは納得できるものだ（ただし一人の例外を除く）。マルクスの娘（もう一人の娘は父親に先立って死んだばかりで、そのことがマルクスを失意させ、死を早めた可能性がある）、二人のフランス人社会主義者で義理の息子でもあるシャルル・ロンゲとポール・ラファルグ、親戚ではないがマルクスと長い親交のあった、筋金入りの社会主義者にして活動家の四人、すなわちドイツ社会民主党の創始者にして指導者ヴィルヘルム・リープクネヒト（リープクネヒトはドイツ語で感動的な弔辞を述べた。そのほか、エンゲルスが英語であいさつし、ロンゲがフランス語で短い弔辞を述べ、フランスとスペインの労働党から届いた二通の弔電、以上が葬儀の全容だった）、一八五二年のケルン共産主義者裁判で懲役三年の刑を宣告されたフリードリッヒ・レスナー、「共産主義者同盟の古いメンバー」とエンゲルスが呼ぶG・ロックナー、マンチェスター大学の化学の教授でマルクスとエンゲルスの古い共産主義者仲間であり三月革命の最後の暴動ではバーデンで闘ったカール・ショールレマーの面々である。

ところが、最後の九人目の会葬者であるE・レイ・ランケスターは、およそその場に似つかわしくない、ありえない人物だった。ランケスター（一八四七〜一九二九）は若くして当時すでにイギリスの著名な進化生物学者にしてダーウィンの代表的な弟子だった。しかも後には、サー・E・レイ・ランケスター教授にして、K．C．B．（バス勲爵士団中級勲爵士）、M．A．（オックスフォード大学ないしケンブリッジ大学の修士号）、D．Sc．（名誉科学博士号）、F．R．S．（イギリス科学界の殿堂ロイヤルソサエティ会員）といった栄誉の数々を受けており、まさに社会的地位の高い典型的な英国科学者のなかでもきわめて有名で保守的な人物なのだ。ランケスターは、ロンドン大学ユニヴァーシティカレッジの動物学教授という地位からスタートして、ロイヤルインスティチューションのフラー教授職、そして最終的にはオックスフォード大学のリナカー教授職に就いて比較動物学を講じ、学者として頂点を極めた。しかも最後には大英自然史博物館館長（一九八九〜一九〇七）という、自然史学では最高位の職に就いた。それにしてもなぜ、イギリスのお歴々の見本のような人物、基本的に保守的な科学者のなかの科学者が、「当代屈指の憎まれ者」とエンゲルスが弔辞で形容した人物の葬儀に共産主義の兵《つわもの》ども（しかも大半がドイツ人）と肩を並べて参列したのだろう。

さすがのエンゲルスも尋常なことではないと感じたらしい。一八八三年三月二二日に発行されたチューリッヒの《ソツィアルデモクラット》紙に寄稿した葬儀の公式報告の最後で、その違和感を表明している。「超一流の著名な科学者二人が自然科学を代表していた。共にロンドンのロイヤルソサエティ会員で、動物学者のレイ・ランケスター教授と化学者のショールレマー教授である」。たしかにそうだが、ショールレマーは同郷人でしかも終生の仲間にして政治的同志である。ランケスターがマルクスに会ったのは一八八〇年のことで、どんなに想像力を働かせても、政治的な支援者と呼べる存在ではなかったし、（人間は教育と社会の進歩によって向上するというきわめて一般的な信念の共有者であることを除けば）シンパですらなかった。詳しくは後ほど紹介するが、当初マルクスは、病気を患う妻と娘のため、後には自分自身のための医師を紹介してくれるようランケスターに求めた。どうやらこの専門がらみの関係が固い友情に発展したようだ。それにしても、これほど異質な二人を引き寄せたものは、いったい何だったのか。

温かい友情を育んだいちばんの原因を、ランケスターの生物学の研究とマルクスの政治科学への取り組みの主旨が合致していたことにあったのかもしれないなどという乱暴な推測に求めることは、ぜったいにできない。ランケスターは、時代を画したダーウィンの大発見を汲み取って研

Ｅ・レイ・ランケスター。なぜこの保守的な紳士がカール・マルクスの葬儀に参列したのか

究した第一世代に属する最高の進化形態学者と言ってもよい人物だ。Ｔ・Ｈ・ハクスリーがランケスターの導き手となり師となった。ダーウィンも、ランケスターの研究を高く評価していた。一八七二年四月一五日にまだ二五歳だったランケスターに、ダーウィンは次のような手紙を書いている。「貴君のナポリ［ナポリの海洋生物研究所］での研究はみごとの一言です！　貴君はいずれ、自然史学のスターになるにちがいないと思います」。しかし今の時点から見ると、ランケスターの仕事は、ダーウィンの洞察をいくつか特定の動物グループに適用して例証したにすぎない。すなわち、偉大な理論的進展

に従った「充塡」作業であり、後から振り返れば、オリジナリティがあるとは言えない研究なのだ。

ランケスターの業績のなかでいちばん残っている仕事は、生態的には似ても似つかないクモ、サソリ、カブトガニなどが鋏角類《きょうかく》という進化的に見て同じグループを形成していることを証明したというものである。ランケスターの守備範囲は原生動物から哺乳類にまでおよんでいた。彼は発生学の術語と進化的解釈を体系化し、「退化」に関する重要な論文を書いた。ダーウィンが提唱した自然淘汰の仕組みは生息環境への適応のみを導くものであって全般的な前進向上をもたらすものではないため、そのような目先の改良を達成するにあたっては（寄生動物の多くがそうであるように）形態の単純化や器官の消失を伴う場合がままあるという内容である。

公正な見方をするならば、ランケスターの不運は「はざま」の世代だったことにあるとも言える。つまり、生物学を改革するにあたってはダーウィンの洞察を吸収したものの、次の飛躍を可能にする上でぜひとも必要だった理論武装である遺伝の仕組みが、まだ解明されていなかったのが痛かった。しかし、運は自らの手で切り開くものだ。すでに名声を得て保守的になっていたランケスターは、二〇世紀の開始時点で再発見されたメンデルの洞察を、使い物にならないと切って捨ててしまった。

私はこのテーマを二五年間も温めてきたのだが、ついにランケスターの初めての伝記が出たことで、これを書く情報がそろった。ジョゼフ・レスターは、ピーター・ボーラーの編集と補足を得たその伝記『E・レイ・ランケスターと英国生物学の創生（*E. Ray Lankester and the Making of British Biology*）』（英国科学史学会、一九九五）で、ランケスターの業績を公正かつ適切に評価している。

進化形態学は、一九世紀末においてとても人気のある分野だった。ランケスターなどの形態学者は、先人たちの経験を進化理論の枠組みに移し変えることで、生物の構造の本質に光を当てると同時に、異なる種類間には進化的な関係が存在しうるという視点を創造した。……ランケスターは生物学者として世界的な名声を得ていたのに、今ではすっかり忘れ去られている。ランケスターは、ダーウィン進化論をめぐる大論争に参加するには舞台への登場が遅すぎたし、メンデル遺伝学の到来に伴って起きた二〇世紀初頭の大革命以前に、その創造性を失っていた。彼は、派生的な研究すなわち生物はいかに進化したかというテーマの基本的な細部を埋めるだけのお仕事という低い評価しか受けない仕事をした世代に属していた。

ランケスターは年とともにその保守的な立場を堅固にしていった。つまり以前はカール・マルクスと友情を育んでいたことが、どんどん異様に見えるようになっていったのだ。その押し出しのよい姿は、彼の威厳を引き立てていた（ランケスターの身長は一八〇センチを超え、しかも当時の高い地位にある紳士はかくあるべしというような恰幅のいい体型だった）。第一線を退いた後は、一般向けの自然史学の記事を新聞に寄稿し、それをまとめて出版していた。それらの本は当時は人気があったのだが、これまた消えてしまった。その理由は、彼の文章にはT・H・ハクスリー、J・B・S・ホールデン、J・S・ハクスリー、P・B・メダワーといった英国自然史学の偉大なエッセイストのような輝きも深みもなかったからである。

ランケスターは、年とともになおいっそう尊大になり、エリート風を吹かせる態度のせいで孤立していった。そして、古きよき時代のロマンチックな世界観に固執するようになった。女性参政権に反対し、民主主義と大衆行動に懸念を抱くようになっていったのだ。一九〇〇年には、「ドイツがその賞賛すべき教育システムを獲得したのは大衆の要求に従ったからではない。……大衆は自らを導けないし、目前《めさき》が利かないせいで自分たちのことすらままならない」と書いている。芸術については「モダン」な傾向すべてを酷評した。絵画ではキュビズム、文学では（昔流の物語ではない）自己表現などを特に激しくけなしたのだ。友人のH・G・ウエルズに宛てて一九一九年に書いた手紙では次のように述べている。「現在、雑誌や小説に氾濫している自己満足的な戯言《たわごと》や屑のような文章は困ったものです。著者たちは〝賢明〟〝分析的〟〝現代風〟であることを攻撃しており、まったく赤子の戯言のようなことを垂れ流しているだけです」

ランケスターは、科学界の重鎮として、マルクスとかつて親交があったことをひた隠しにしていた。友人で歳も近かったアーサー・コナン・ドイルには打ち明けたが（ドイルの小説『失われた世界』に登場するチャレンジャー教授はランケスターがモデルである）、年下の共産主義者であるJ・B・S・ホールデンに対しては、晩年になってから高く評価し後押しをしたにもかかわらず、マルクスと知己だったことは一言ももらさなかった。ハイゲート共同墓地での葬儀から五〇周年記念の年、モスクワのマルクス・エンゲルス研究所は、カール・マルクスを知っていた人全員から思い出話を集めようとした。その時点で、マルクスの葬儀に参列した人々はランケスターを除いて全員が物故者になっていた。しかしランケスターは、手紙も所持していないし、何も語るつもりはないというそっけない返答をした。

これほど異質な二人のあいだに奇妙な親密さが成立していた理由を、世界の命運や進化生物学の絶え間ない進展に求めることなど、むろん不可能である。しかし、学者というものはちょっとした謎に頭を悩ませるものであり、小さな問題に対する解答が、説明に用いた原理に根ざす大きな洞察を導くこともある。私は、（少なくとも）最初の悩みを解決する上で、満足のいく答を見つけたと信じている。しかし驚いたことに、このエッセイを書けるだけの情報を最終的に提供してくれた資料からは、決定的な事実が見つからなかった。その資料とは、前述したランケスターの伝記と、マルクスとランケスターの関係を論じた、ルイス・S・フューアーの「エドウィン・レイ・ランケスターとカール・マルクスの友情」（*Journal of the History of Ideas* 40[1979]:633-48）とダイアン・B・ポールの「マルクスのダーウィン主義——歴史的ノート」（*Socialist Review* 13[1983]:113-20）の二篇である。どちらかというと、私が提出する答は、最初はまったくおもしろくもなく失望したくなるような原理を提起するものではあるが、一般的な議論に値するものかもしれない。なぜなら特に、人の伝記や進化生物学を探求する上で共通する、歴史的経緯の分析という点で意味があるからだ。ようするに、私はずっと「間違った疑問を持ち続けていた」ことにようやく気づいたのだ。

ふつうの解答なら、マルクスとランケスターは見た目以上に似たような信念か性格を共有していたと論じるか、少なくとも二人は互いにその関係から実際的な何かを得ようとしていたのだろうと論じることで、奇妙な友情を説明しようとするところだろう。しかし、この場合についてはこのタイプのありきたりな議論でうまくいくとは思えない。

たしかにランケスターは、成功者の風貌《ふうぼう》の下に、きわめて複雑で、ある意味秘密主義的とも言える性格をもつ人間だった。しかし、政治的にはいっさい急進的ではなかったし、後に若気の過ちと言われかねないようなマルクス主義かぶれの時期もなかった。しかしランケスターは、恐ろしいほどの独立心を見せていた。「おれは自分がいいと思うことをやる。その結果がどうなろうと知ったことか」というイギリス個人主義の大いなる伝統に則った肝っ玉の持ち主だったのだ。そんな態度だから、あらゆる類の個人的トラブルを抱え込むことになったが、臆病な人間や日和見的な人間ならば遠ざけるようなおもしろい友情を求めることにもなったのだろう。

ランケスターは、生物学の理論に関しては基本的に保守的だったが、気質的に好戦的な論争屋だった。科学論争を楽しみ、辛辣な論戦も遠ざけようとはしない、負けん気の強いひねくれ者だった。ランケスターの師にあたるT・H・ハクスリーは、イギリス生物学史において最も有名な不撓不屈《ふとうふくつ》の人だった。よりによってそのハクスリーが愛弟子に対して、不必要な闘争で時間と活力を無駄にすることの危険を警告している。ダーウィンの革命が勝利を収めたことで世の中が治まっているときは特にそうだというのである。ハクスリーは一八八八年一二月六日付の手紙でランケスターに次のように忠告している。

まじめな話、闘争を潜り抜けてきた老人として、仮説をめぐるような論戦には必要以上に加担しないほうがよいと忠告したくなる。……君はまだ、あと二〇年は活躍できる。その間に何ができるかを考えるべきだ。そういうあなたはどうなのかなんて言うなよ。あの頃は、論争することが私の仕事で義務だった。そういう時代だったのだ。

ランケスターの、こと科学に関する好戦性と懐疑主義を、一般の耳目も引いた例から二つ紹介しよう。ランケスターは、一八七六年九月にアメリカの霊媒師ヘンリー・スレイドの正体を暴いた。スレイドは、高額の料金を取り、霊を呼び寄せて石版にメッセージを書かせる降霊会を開いていた。ランケスターはスレイドの手口を見破り、霊がまさに作文をはじめようとする直前に霊媒師の手から石版をもぎ取った。その石版には、これから霊のお告げで書かれるはずの文字がすでに書かれてあった。そこでランケスターはスレイドを詐欺の容疑で告発したのだが、判事は浮浪罪などという軽い罪しか認定せず、三カ月の重労働の刑に処しただけだった。スレイドはうまく言い逃れ、法廷戦術で勝利したのだ。それでも諦めきれないランケスターは新たな召喚状を申請したのだが、スレイドはさっさと荷物をまとめ、与《くみ》しやすいアメリカへと帰国してしまった（進化生物学史上の興味深いエピソードを紹介しよう。心霊主義に傾倒していたアルフレッド・ラッセル・ウォレスはスレイドが本物であることを証明しようとしたのに対し、反対側の理性的懐疑主義の側に立つダーウィンは、ランケスターの告発を支援するための基金に人目をはばかりつつ募金した）。

その三年後の一八七九年の夏、ランケスターはフランスの偉大な外科医にして神経科医のジャン＝マルタン・シャルコーの研究室を訪れた。シャルコーは、麻酔における電気と磁力の役割に関する自説を検証するために、重クロム酸電池によって磁場を発生させた電磁石を患者に握らせることで無感覚を引き起こさせた。そして、患者の麻痺した腕と手を絨毯用の太い縫い針で、どう見ても痛くなさそうな強さで引っかいた。

懐疑的なランケスターは、一世紀ほど前に磁気療法家のメスマーがそれとよく似たいんちきをしていたことを知っていて、シャルコーの実験は、磁力の物理的特性による麻酔効果ではなく、心理的な暗示によるものではないかと考えた。シャルコーが実験室を出た隙に、ランケスターは電池から溶液をこっそりと捨て、代わりにふつうの水を充填することで、電池が働かないようにした。そしてシャルコーに、もう一度実験を繰り返すよう依頼した。すると、前回とまったく同じ麻酔状態が再現された。自分のしたことを即座に白状したランケスターは、シャルコーの実験室からただちに追い出されるものと予想していた。ところがかの偉大なフランス人科学者は、ランケスターの手を握り、「よくやってくださった」と叫んだという。その後二人は、固い友情を育むことになった。

当時の社会規範を無視したがっていたことの証左としてランケスターがどれほど慣習に縛られていなかったか（ただし生物学理論に関しては保守的だった）を理解しようとするなら、いささか推測の域に達するが、もう一点、明らかにしなければならないことがある。この点に関して、既存の資料は完全な沈黙を守っているが、実情は見誤りようがないように思える。ランケスターは、しばしば孤独を口にし、家族をもちたいと書いていたが、生涯独身のままだった。婚約は二度したのだが、いずれのときも公表されていない理由で相手が婚約を破棄してしまった。彼は毎年のようにヨーロッパで長いバケーションを過ごし、ほぼ毎回パリに滞在した。そして滞在先のパリでは、研究者仲間とは会わないようにしていた。晩年には、名バレリーナのアンナ・パヴロワの崇拝者となり、プラトニックな友情を結んだ。証明はできないが、こうした行動が、今は自由に語れるが当時は口にすることすらタブーだった愛（オスカー・ワイルドの愛人だったアルフレッド・ダグラス卿の有名な言葉）を指し示していないとしたら、ランケスター教授は私が想像する以上に不可思議で秘密めいた存在だったことになる。

ただしこのような要因では、ランケスターが異論のある、型にはまらない行動に走りがちだったことは説明できても、カール・マルクスのような人物との友情を結ぶための特別な気質を説明できるものではない（しかも、オーソドックスなマルクス主義者は、個人の特異的な個性、それも特に性的嗜好を、革命を目指す社会の目標からの自己中心的な逸脱として批判するのが常だからなおさらである）。ランケスターは、当時の社会の保守勢力をののしっていた。なかでも特にその標的になったのは、進化論に反対する狭量な聖職者たちと、自然科学の新しい流れを勉強するよりもラテン語とギリシア語の教養教育を優先すべしと要求する大学の教授たちだった。

しかしランケスターの改革精神は、科学の進展のみに集中していた。しかも社会に対する姿勢は、そうした問題に対する発言を見るかぎり、科学知識の増大によって人々の精神は解放され、政治改革と機会均等の道が開かれるといった曖昧な考え方の域を出るものではなかった。繰り返しになるが、このような理性的な科学的懐疑主義という平凡な態度は、正統派マルクス主義者の軽蔑を買うだけである。マルクス主義者に言わせれば、そのような態度は、社会問題の根の深さとその結果として政治革命が必要だということをほんとうに理解しようとする勇気を欠く、恵まれた階層のブルジョワ的逃げだということになる。フューアーはマルクスとランケスターについて論じた論文で次のように述べている。「ランケスターの哲学的な立場は、まぎれもなき不可知論者だった。つまりトマス・ヘンリー・ハクスリーの信奉者だったわけだが、エンゲルスはそのハクスリーの立場を、『内気な唯物論』と呼んでばかにしていた」

ランケスターの側はマルクスの世界観に親近感を示していなかったとしたら、見方を変えて、マルクスの側にランケスターとの交際を求める知的理由なり哲学的理由があったのではないかと

スパイが《ヴァニティ・フェア》誌で描いた有名なE・レイ・ランケスターの絵

問うべきかもしれない。ところが見方を変えても、根強く残る伝説を蹴散らしたところで、二人が友情を育んだ明白な根拠は見つからない。

蹴散らすべき伝説とは、マルクスとダーウィンとの緊密さ（あるいは少なくともマルクスによるダーウィン崇拝）を、わからないでもない学術的誤りによって実際以上に言い立てたもので、現在は否定されているものである。マルクスはたしかにダーウィンを賞賛し、『資本論』に自筆のサインをして謹呈した。それに対してダーウィンは、両者の交流を示す唯一残された記録によれば、丁寧ではあるが実質的には意味のない短い礼状を送った。ダーウィンはドイツ語をほとんど解せず、しかも政治学にはほとんど関心がなかったこともあって、マルクスの大著にはほとんど目を通さなかったことがわかっている。ダーウィン所蔵のその本は、八二二ページのうちの最初の一〇五ページを除く残りは（目次も含めて）すべて未開封のままなのだ。しかも、念入りに読む場合には余白に書き込みをするダーウィンだが、書き込みもいっさいない。それどころか、ダーウィンが『資本論』を一文字なりとも読んだ証拠すらいっさいない。

ダーウィンとマルクスとのあいだいには深い交流があったという伝説は、不世出の思想史家アイザイア・バーリンが一九三九年に著わしたマルクス伝中の誤った記述から始まった。バーリンは、ダーウィンがマルクスに送った礼状から憶測をめぐらせ、マルクスは『資本論』第二巻の献辞にダーウィンの名をあげたいと申し出たのに対し、ダーウィンはそれをやんわりと拒否したと推測したのだ。マルクスが献呈を申し出たというこの話は、ダーウィンがマルクスに送ったとみなされた第二の手紙の出現によって信憑《しんぴょう》性を帯びた。ただし、アムステルダムの国際社会史研究所が保管するマルクス関連資料から見つかったその手紙には、宛名はなく、「拝啓」としか記されていない。一八八〇年一〇月一三日に書かれたその手紙は、献辞の申し出をやんわりと断わっている。「私としては、自分が内容をいっさい把握していない書物をかなり推奨しているかのような印象を与えることになるため、著書の一部ないし全巻を私に（お申し出の栄誉は感謝しますが）献呈したりしないことを望みます」。この第二の手紙がアイザイア・バーリンの申し立てへの証明であると見なされたことで、この話は世間に流布することになった。

手短に説明すると、一九七〇年代半ばにそれぞれ独自に研究を進めていた二人の研究者が同時に、ほとんど笑ってしまうような誤りを発見した——マーガレット・A・フェイの「マルクスは『資本論』をダーウィンに献呈したか」（*Journal of the History of Ideas* 39[1978]:133-46）とルイス・S・フユーアーの「ダーウィン－マルクス書簡は本物か」（*Annals of Science* 32:1-12）参照。マルクスの娘エレノアはイギリスの社会主義者エドワード・エイヴリングと内縁関係にあった。二人はマルクスの記録文書を何年も保管していたのだが、問題の一八八〇年の手紙は明らかにダーウィンがエイヴリング宛に送ったもので、それがマルクスの記録文書に紛れ込んでしまったのだ。

エイヴリングは急進的不可知論者のグループに属していた。エイヴリングは、ダーウィンの著作とその社会的意義に関する自分の見解（あくまでもエイヴリングの見解であってダーウィンの見解とはかぎらない）を編集した本（「科学と自由思想の国際」文庫の第二巻として一八八一年に出版された『研究者のダーウィン（*The Student's Darwin*）』）のために、ダーウィンの公式の推薦とダーウィニズムへの献呈本という冠がほしかったのだ。ダーウィンは、エイヴリングのご都合主義を理解すると同時に彼の反宗教的な好戦性を少しは気にかけ、いつものようにやんわりと断わったのである。ダーウィンがエイヴリング（マルクス宛ではない。『資本論』では宗教は主たる論点ではなかった）に宛てた手紙は次のように締めくくられている。

キリスト教と有神論に対する直接の論難は（それが正しかろうと間違っていようと）大衆にはほとんどいかなる効果もおよぼさないように思われます。思想の自由は、科学の進展に促されて人々の心が徐々に啓発されることでもたらされるというのが、最善です。そういうわけで、宗教については書かないようにするというのが、いつも私の目標でした。書く内容は科学に限定してきたのです。

事実関係の訂正はなされたが、マルクスは自分をダーウィンの弟子と見なし、若い世代のダーウィン主義者の重要人物との交友を求めたという可能性もなくはない。先に引用したエンゲルスの弔辞にある有名な比較は、その可能性を高めるものだ。しかしこの解釈も否定されねばならない。エンゲルスの自然科学に対する関心は、マルクスよりもはるかに高かった（『反デューリング論』と『自然の弁証法』の二冊がその表われ）。すでに述べたように、マルクスは社会の偏見から知識を解放した人物としてダーウィンを高く評価していたし、少なくとも比喩的な意味で有用な味方と見なしていた。マルクスは、エンゲルスに宛てた一八六九年の有名な手紙で、ダーウィンの『種の起源』について次のように書いている。「イギリス流の雑な書き方ではあるが、これはまさに、われわれの見解に役立つ自然史学の論拠を含んでいる著作だ」

しかしマルクスは、ダーウィンの定式化に見られる社会的偏見を批判する鋭い指摘もしている。

分業、競争、新しい市場の開発、「発明」、マルサス流の「生存闘争」が存在するイギリス社会を動物や植物のあいだに見つけているダーウィンの手並みはみごとです。それはホッブスの言う「万人の万人に対する闘争」です。

むろんのことマルクスは熱心な進化論者であり続けたが、ダーウィンに対する関心は明らかに年とともに薄れていった。その点については多くの研究者が論じている。マーガレット・フェイの次の一文（前掲の論文より）は、その共通見解になると思う。

当初マルクスは、ダーウィンの『種の起源』の出版に心躍らせた。……ダーウィン主義に関してはますます批判的な立場を発展させ、一八六〇年代の私信ではダーウィンのイデオロギー上の偏見をからかっていた。一八七九〜一八八一年頃に付けられたマルクスの人類学ノートではダーウィンの名は一度しか出ておらず、昔の熱狂ぶりに立ち返ったという証拠もない。

最後に逸話をもう一つ紹介しよう。方々で指摘されているように、マルクスは、今ではすっかり忘れられた（そうなって当然）フランス人探検家で人類学者でもあったP・トレモーが一八六五年に出版した『人間その他の生物の起源と変遷（*Origine et transformations de l'homme et des autres êtres*)』という本に（マルクスよりも科学に明るいエンゲルスが正すまで）熱狂していた。マルクスはこの本に対する熱烈な賞賛の言葉を公言し、ダーウィンより進んでいると明言していた。マルクスの強い勧めでその本を購入したエンゲルスは、冷めた頭で友人の興奮を鎮めた。「著者は地質学の何たるかも理解していなければ、きわめて当たり前の文学史批判の能力もないという理由だけでも、彼の理論には何も得るところがないとの結論に達しました」とマルクスに書き送ったのだ。

私もかねがねトレモーに興味があり、何年もその本を探していた。しばらく前にようやくにして入手できたのだが、これほどばかばかしく、お粗末な論証を読んだのは初めてだと言わざるをえない。トレモーの言わんとするところは、ようするに国民の気質を決めるのは土壌の性質であり、より高度な文明は新しい地質年代に形成された、より複雑な土壌の土地で生じる傾向があるというものだ。マルクスがほんとうにこんな根も葉もない戯言が『種の起源』を凌ぐほど重要だと信じていたのなら、ダーウィンが掲げた事実と考え方の威力を正しく理解し評価していたとは思えない。

そういうわけで、ランケスターがマルクス主義に対して密かにシンパシーを感じていたということはないし、マルクスはダーウィン主義の感化を受けたくてランケスターと友情を結んだわけでもないと結論しなければならない。そうなると謎は、これほど異質な二人を近づけたものは何なのか、いかなる絆が二人の友情を育みえたのかに絞られる。少なくとも最初の疑問については答が出るし、本エッセイの主題である第二の疑問を解くための筋道も見当がつく。

　マルクスの関連資料には、ランケスターからの短い手紙が四通残されている（おそらくマルクスもランケスターに手紙を書いたものと思われるが、文通をした証拠は見つかっていない）。ランケスターの手紙からは、最初に接触したのはマルクスのほうで、妻の治療に関する医学的な助言を求めてのことだったことがわかる。マルクスの妻は乳癌で苦しんでいたのだ。ランケスターは、自分の親友である（スレイドとシャルコーの事件でもコンビを組んだ）外科医のH・B・ドンキンに相談するようマルクスに助言した。マルクスはランケスターの助言に従い、その結果に大いに満足した。マルクスはドンキン医師のことを、「有能で知的な人物」であり、妻のことも、後には死病を患った自分のことも、とても丁寧に診てくれたと語っている。

　マルクスとランケスターの最初の出会いがどのようなものだったかはわかっていない。しかしフューアーの仮説はそれなりに納得のいくものだし、このきわめて奇妙な組み合わせの起源を最終的に理解させてくれそうな気がする。二人の出会いの仲介者は、ドイツ系ユダヤ人移民の息子として一八五六年にニューヨークで生まれたチャールズ・ウォルドステインではないかというのだ。ウォルドステインは後にケンブリッジ大学の考古学教授になった人物で、一八七〇年代に共にロンドンに住んでいたときにランケスターと知己を得ていた。ウォルドステインはカール・マルクスと親しくなった。その経緯については、一九一七年に書いた自伝で温かい友情の思い出として述べている（その年彼は、チャールズ・ウォルストンと改名した名前でサーの称号を得た）。

私がまだ若造だった一八七七年頃、G・H・ルイスとジョージ・エリオットがロンドンで日曜午後に主催していたパーティーで知り合っていた、有名なロシア人法学評論家のコヴァレフスキー教授から、当時はハムステッドに住んでいたカール・マルクスを紹介された。私は、この近代的理論社会主義の創始者とその奥方とたびたび会った。そして、私を社会主義者に転向させることはついにかなわなかったものの、私たちは政治、科学、文学、芸術など多岐にわたる話題についてしばしば論じ合った。私は、あらゆる分野に関して深くて正確な知識の宝庫だったこの偉大な人物から多くを学んだほか、彼を大いに尊敬することと、その大きな心の純粋さ、寛大さ、上品さを愛することを学んだ。彼も、私の若い情熱のほとばしりを大いに楽しみ、私の生活や幸福に大いに関心をもち、われわれはDutz-freundeになるべきだとまで言った。

最後の一言は特に重要である。現代英語では、二人称のくだけた呼び方と堅苦しい呼び方(thouとyou)の区別がなくなってしまった。これは、ヨーロッパ言語の大半では、今でもまだ残っている重要な区別である。ドイツ語のDutz-freundeというのは、互いを堅苦しい「あなた(Sie)」ではなく、くだけた「おまえ(Du)」と呼び合おうという意味である。ドイツでは、ことに社会的な礼儀が重んじられていた一九世紀にあっては、堅苦しい呼び方からくだけた呼び方に変えてもいいというのは、めったにない特権の享受であって、家族、神、ペット、そして親友とのあいだでしか認められないことだった。マルクスのような年上の知識人が二〇代前半の若造にくだけた呼び方を許したというからには、チャールズ・ウォルドステインに対してよほど親しみを感じていたにちがいない。

ランケスターがマルクスに送った最初の手紙である一八八〇年九月一九日付の手紙には、ウォルドステインへの言及があり、フューアーの推理の裏づけとなっている。「ウェリントンの屋敷でお目にかかるのが楽しみです。あなたが貸してくださった本をお返しするつもりでしたが、あなたの住所をなくしてしまい、おまけにウォルドステインは海外に出ているため住所を教えてもらうこともできずにいました」。ランケスターとウォルドステインは終生友情の絆を結んだ。フューアーは、ウォルドステインの子息にウォルドステインとランケスターの関係について問い合わせた。それに対して一九七八年に、子ども時代のことをよく覚えている、「レイ・ランケスターは時々私の家に食事に来ていました。とても太った人で、顔はカエルみたいでした」との返答があったという。

マルクスはとても優しい人で聡明な師だったというウォルドステインの思い出は、マルクスとランケスターとの謎の交流に明快な答を与えてくれる。これまでは間違った路線で答を探していたこともわかる。歴史を振り返る場合、現在の知識から過去の状況を誤読することほどの時代錯誤はない。その時点ではまだ起こっていなかった出来事で過去の状況が定義されたり影響を受けたりすることなどありえないからである。ランケスターのようなもともと保守的な生物学者が、カール・マルクスのような年長の急進的理論家との交流をなぜ重視したのかを問う場合、マルクスの名の下にスターリンやポル・ポトなど後世の人間がしでかした破滅的行為を念頭においてマルクスの人柄を推し量ることに意味はない。自分の学説が将来的に引き起こしうる結果を予測できなかったということでマルクスを責めるにしても、マルクスが死んだ一八八三年の時点ではまだ、そうした悲劇は知りようがない未来に属していたことは認めるべきである。一八八〇年にランケスターと出会ったカール・マルクスを、人類史において最悪とも言うべき犯罪の数々の唱導者というレッテルを死後に冠されたカール・マルクスという人物と混同すべきではない。ヴィクトリア朝およびエドワード朝生物学の遺物とも言うべき恰幅のいいE・レイ・ランケスターと、スターリンの血まみれの粛清の理論的正当化として名を出されるカール・マルクスを対峙《たいじ》させ、これほどまでに異質な二人が同じ部屋に居合わせ、しかも温かい友情を育んだなどということがどうして可能だったのかと問うこと自体が誤りなのだ。

一八八〇年時点のランケスターはまだ若き生物学者で、生命と知性に関して幅広い視点を保持し、自分の基本的な信念は保守だとしても、通り一遍の政治的な色分けなどという些事にはこだわらない独立心の持ち主だった。しかも科学者にしては珍しいほど関心領域が広く、芸術と文学を愛し、ドイツ語とフランス語にも堪能だった。その上彼は、ドイツの高等教育システムをことさら高く評価していた。軽蔑とイライラの元だったオックスフォード大学とケンブリッジ大学の狭量な古典重視教育と比較し、革新をもたらすみごとなモデルと賞賛していたのだ。

そのランケスターが、カール・マルクスのような素晴らしい知性の持ち主からの呼びかけを喜び、大切にしなかったはずがない。マルクスがどういう人物で、その学説とそれが引き起こした結果について誰がどう思っているかとは別の問題である。マルクスのような才気あふれる年長者との友情ほど、ランケスターを喜ばせたものはないのではないか。マルクスは芸術、哲学、古典の造詣が深く、しかもランケスターが最も高く評価するドイツの素晴らしい知性の縮図のような人物だったのだからなおさらである。病魔と加齢と失意の底にあったカール・マルクスにとっても、知性を開花させる盛りにあった聡明で情熱的で楽観的な若者との交流は、死の影に怯える中で最高の慰めだったのではないだろうか。

ウォルドステインが語る思い出は、マルクスのペルソナと最後の日々がどういうものであったかを、生き生きと感動的に伝えている。そして多くの研究者は、マルクスの晩年におけるこの側面を強調している。たとえばダイアン・ポールは、「マルクスにはずっと年下の友人がたくさんいた。……マルクスは年とともに個人的な関係を結ぶことがどんどん難しくなっていき、ことに老いた友人たちの言動にすぐ腹を立てたりいらいらしたりするようになった。しかし、助言や助力を求める年若い友人たちには慈悲深い師だった」と述べている。現代を生きるわれわれには無視できないものの、過去を生きていた人々には知りようのない後世の出来事を基準にするのではなく、同時代の視点から物事を正しく見ると、マルクスとランケスターは温かい友情を育む上で理想的な組み合わせだったように見える。それどころか、ほとんど運命の出会いと言っていいかもしれない。

歴史を探求する研究は、人の伝記か生物学の進化的系統かを問わず、すべからく「現代人の視点」の誤謬《ごびゅう》を免れえない。現代から過去を振り返る者は、過去の出来事からは予測できない結果として、実際には進展しなかった結果を知っている。そのため、年代記をまとめようとする対象の動機や行為に対して当時の時点では知りようのなかった未来の出来事から判断を下すという不適切なことをしがちである。そのせいで進化学者たちのあいだでも、デボン紀の水溜まりに生息していた、系統としては周縁に位置する細枝にすぎない魚を高等で成功を約束された存在と見なす傾向があまりにも顕著である。その理由は、現生するすべての陸生脊椎動物を生み出したのがそれらの生物であり、そこには高貴な存在であるわれわれも含まれていたことが、現時点ではわかっているからというものにすぎない。あるいは、アフリカに生息していた霊長類のなかの特定の種に、その後の進化を邁進させた主人公として桁外れの栄誉が与えられている。それも、その貴重な種族から偶発的な幸運により自意識という独自性が生じたことがわかっているからである。あるいは、かつてわれわれ北部の人間は、ロバート・E・リー将軍を国賊として罵倒していた。それが今は、もう少し距離を置いた好意的な観点から、原則を曲げない人物で偉大な指揮官だったという再評価が始まっている。しかしどちらの極端な立場に立とうとも、この魅力的な人物を当時の視点から適切に評価説明することにはならない。

現在のわれわれが置かれている幸運な状況を前に少しだけ謙虚になれば、われわれは正しい視点に立てるだろう。現在のわれわれにしか知りようのない後世の結果から判断を下すことをやめ、過去の現実にもう少し魅力を感じれば、現在の状況をもたらした源泉である歴史の理解に役立つだろう。一八八三年に異国で異邦人のまま失意のうちに死んだ――ただし少なくとも、評判のよくない異邦人に馳せ参じた忠実な友人E・レイ・ランケスターのような若者との交友に慰めを感じてはいた――人物の著作から有名な一説を借りるのがよいかもしれない。

歴史は、われわれの理解力を高めるパターンと規則性を明かしてくれる。しかし歴史は、人間の情熱、無知、卓越の夢がはらむ予測不能の弱みの表われでもある。過去の出来事の意味については、先人たちの動機や意図をどう評価するかは勝手であるにしても、当時の状況に照らして理解することしかできない。カール・マルクスは、ナポレオン三世が権力を掌握した経緯を研究した有名な歴史書の冒頭で次のように述べている。「人は自分自身の歴史を作るが、自分好みには作れない」

7章　クルミの殻の中の先史人

ウィンストン・チャーチルがソ連を評して述べた「謎の中で神秘にくるまれた不思議」という言葉はあまりにも有名である。それに比べればレベルが一段階劣るが、本エッセイでは二段階の当惑を取り上げる。無名の筆者が奇妙な説を弁護しようとしたあげく、不思議の国のアリスの言う、読めば読むほど妙チクリンになってしまうというお話である。ただし、世界のフラクタル構造をもってすれば、一点の染みが宇宙を映し出していることもある。まさに一八世紀イギリスの詩人ブレイクが「一粒の砂の中の世界、一輪の花の中の天国」と詠ったのはこの意味である。とうに忘れ去られ、今から見ればばかげている文書も、人間の性癖や、複雑な自然界に意味を読み取ろうとする試み――「科学」と呼ばれる営為――の歴史を見直す素晴らしい教訓を提供してくれる。

イギリスの地質学史家（そもそもは古生物学者）M・J・S・ルドウィックは、その著書『太古の光景（*Scenes from Deep Time*）』（一九九二）において、太古の昔に絶滅した動物たちを図版に描く際のしきたりがどのように出来上がってきたかを論じている。その中で彼は、「遠い過去から続いていることを示唆することで、それまで標準的だった型を壊した」一八六〇年の図版を紹介している。それ以前のたいていの著者は、過去の特定の瞬間なり時代を代表する復元図を一つか二つ描くのみだったのだ。たとえば、中生代は恐竜、新生代は大型哺乳類で代表させてしまうというのが、それ以前の業界標準だったのである。

それまで、動物相の変遷にともなう変化の流れを描こうとした図版はほとんどなかった。ところが件《くだん》の一八六〇年の手の込んだ図版は、通常の八つ折り判の本に大きな折込みページ（私が所有する版では二〇×三五センチ）を挟み込み、生物の歴史を三段に分けて描いている。下段が恐竜とその仲間、中段が大型哺乳類（巨大な地上性ナマケモノ、マンモス、オオツノジカといったお決まりの面々）、上段が現生種で、そこにはエジプトのピラミッドを右隅に描くことで人間の存在も明示されている。

著者たちは、ふつうそのような図版を描くに際しては、事実を公平にまとめることを心がけたつもりでいる。しかし複雑な構図の中に、意図するしないにかかわらず、生物の歴史のパターンとその原因に関するお気に入りの説を表現するのが常である。この図の著者も、少なくともそうした教訓的な構図を図版で堂々と表わしている。特に、下段と中段を構成する基本的な動物相を、はなはだしく異なっているにもかかわらず、連続的に発展した二つの時代として描いているのだ。

しかもそのメッセージを強調するかのごとく、図版中央部の、二つの時代を結ぶ坂道を、イグアノドン（現在は二足歩行をするカモハシ竜として復元されているが、当時はワニのような姿だったと考えられていた）がずるずると這い上がっている。

ところが現生生物が描かれている上段は、生きものを寄せつけない氷に閉ざされた世界をあいだに挟むことで、先行する時代から完璧に隔絶させられている。原画ではこのメッセージがさらに強調されている。この生きもののいない時代は真っ白に着色されているのに対し、他の三つの動物相は、くすんだオレンジ色が重ね塗りされることで好対照をなしているのだ。明らかに著者は、生物の歴史は明確に二つのフェイズに分けられると考えていた。一つは時おり変化が起きた太古の連続した時代で、それが生きもののいない凍った世界によって突如分断され、つい最近、現生生物のすむ時代が到来したというのだ。

ここで最初の謎を提出しよう。この図版を含む本は、著者名なしで『アダム以前の人間――古代地球とその住人の物語』という書名で一八六〇年に出版された。この著者に関して、文献調査でこれほど難渋したことはない。唯一探り当てたのはイザベル・ダンカンという名前だけで、その生涯についても他の著作についても何一つ判明していないのだ。ヴィクトリア朝に活躍した女性自然史学者については、これまでも何度となく遺憾の意と怒りを表明してきた。そうした女性たちは、子どもや好事家向けの情緒的な表現や韻文というきわめて限定された形式で、しかも著者名なしで出版しているケースが多いのだ。ただし幾人かは、完全な専門知識を身につけ、男性

下段から上段へ、恐竜、氷河期の大型哺乳類、現生種が3段に分けて描かれた、とても独創的な生物の歴史の図版。イザベル・ダンカン、1860年

著者と同等の処遇を望んだ人たちもいた。それでも、標準的な文献リストや、科学史に忘れられてきた女性たちを復権すべく、使命として取り組んでいる現代のフェミニスト科学史家の研究を見れば、何がしかの言及が見つかるものだ。

ところがイザベル・ダンカンに関しては、いかなる情報も見つからない。もしかしたら私の捜索に手落ちがあるのかもしれない。読者諸氏からの有用な情報提供を期待するしだいである（これまでも読者からのコメントや視点の拡張、誤りの指摘などからどれほどの歓びと啓発を受けたか知れない）＊。少なくとも今のところは、私以上にこの捜索に時間をかけた他の研究者も、何も見つけていないということだけは言える。ルドウィックはといえば、「著者は現時点では不明だが、当時にあって本のほうはそうではなかった。発売後二年で四版を重ねたからだ」としか書いていない。アダム以前説に関する最も重要な研究書は、R・H・ポプキンが著わした、その運動の創始者の伝記（『イサーク・ラ・ペイレール〔一五九六～一六七六〕――その生涯、業績、影響』、一九七八）である。そこには、その本の短い要約が載っているが、著者に関しては「イザベラ・ダンカンなる人物」としかない。

＊　今回もまた、世界の知的サークルは私を失望させなかった。イザベル・ダンカンの名が一九一五年以来、活字メディアで（著者名なしの書『アダム以前の人間』の著者として以外）言及されたことがなく、あったとしてもほんの走り書き程度だったというのは確かである。しかし、何人かから、彼女の人となりがわかる

文献を二つ教えてもらった。一つは、著名な思想家にして歴史家のトマス・カーライルの妻ジェーン・カーライルの手紙である。カーライル夫妻はダンカンの著書を高く評価し、ダンカン家と交流があったのだ。もう一つはイザベル・ダンカンの義父ヘンリー・ダンカン（一七七四～一八四六）のからみで。ヘンリーはスコットランド政府の大臣を務めた社会改革家で、「貯蓄銀行の父」として知られている（少なくともスコットランドのルスウェルにある貯蓄銀行博物館のおかげで）。しかしいちばんのめっけものは、ケンブリッジ大学の若き科学史家スティーヴン・D・スノーベレンが送ってくれた彼の素晴らしい論文だった。イザベル・ダンカンに関するその論文では、彼女の福音主義的宗教観、科学的発見に従う姿勢、一八六〇年から一八六六年のあいだに六版を重ねた著書（おそらく総発行部数は六〇〇〇部くらいだったのではないかと思われるが、それでも当時としてはかなりの部数である）などが論じられていた。未知の領域を発見したスノーベレンの素晴らしい論文（彼女の肖像画の所在や名前の正しい綴りなどの新発見もあった。一般にはイザベラと綴られているが、本人はイザベルという綴りを好んでいたという）、この注目すべき女性の生涯と人となりを論じた最初の学術論文は、「岩、人間、天使について――イザベル・ダンカンの『アダム以前の人間』（一八六〇）に関する相容れない伝説」と題されて発表されている（*Studies in the History and Philosophy of Biology and the Biomedical Science* 32 [2001]:59-104）。

ダンカンの著書の出版は、ダーウィン以後の時代にかろうじて入っている（ダーウィンの『種の起源』の出版はその前年の一八五九年なので）。それを考えると、ダンカンは地質学と人類学の新発見を読者に紹介し、人類史に関する伝統的な考え方を書き換えたダーウィンをめぐる（否定・肯定双方の）猛攻撃を正しく評価するための準備として、この本を書いたと考えられなくもない。しかし彼女の執筆動機はこれとは正反対で、現在はほとんど知られていない理由によるものだった。じつはその理由が、ここで論じる第二の謎である。それは、初期の幾人かの教父にまでさかのぼれる古い聖書解釈の理論なのだが、一七世紀半ばの千年紀運動の最中に明確な形をとって浮上したものだった。地球の年齢が古いことを証明する地質学の発見があり、先史時代の人類が製作した石器なども見つかったことで、ダーウィン進化論の論争によって新たな意匠をほどこされるまで、あれこれ論じられた（少なくともスピノザ、ヴォルテール、ナポレオン、ゲーテなどといった著名人の関心も引いた）理論なのだ。

アダム以前の人間説とは、アダム以前にも人間は存在していたのであって、『創世記』の1章に書かれている人類創造は、神がユダヤ人とその同族を後から創造したという話だというものである。このような説が出てきた背景には、聖書を批判的に読んだ場合に誰もが感じる違和感にあるようだ。『創世記』を字義どおりに解釈すると、アダム以前にも人間がいたと受け取れる箇所がある。上品な場でそういうことが話題にされることはないかもしれないが、アダムとイヴだけが唯一創造されたカップルだとしたら、その息子カインが結婚した相手はいったい誰だったのか。明示されていない妹が相手だったとでもしないと、（少なくともオイデプス以上のまずいケースを避けたいのであれば）話が合わない。だが、自分たちのルーツの大本での近親相姦など許せるものだろうか（ただし、同じ『創世記』に登場するロトと二人の娘との物語がこの類であることは周知の事実である）。

さらに言うなら、カインが弟のアベルを殺した後、神はなぜカインに印をつける必要があったのか。「土を耕す者」だったカインに対して、神は、お前の弟の血を吸った土地がお前のために作物を生じることは二度とない、お前は「地上をさ迷う放浪者」となるしかないと命じることで罰した。するとカインは、「私を見つけた者は皆、私を殺すことでしょう」と訴えて罪の軽減を乞うた。そこで神は怒りを和らげ、カインに有名な印をつけることにした。「カインを殺す者は誰でも、七倍の復讐を受けることだろう。そこで神はカインに印をつけ、カインを見つけた者がカインを殺さないようにした」（『創世記』４ノ15）。だが、地上にはほかに（明示されていないだけかもしれない妹たち以外に）人はいないとしたら、そんな印などそもそも不要ではないのか。

疑問はまだある。『創世記』６章の有名な二つの曖昧な表現についてはどう解釈すればいいのか。一つは、６ノ２にある、「神の子らは人の娘たちを見て……自分たちの妻にした」という行である（これは、アダムの家系の息子たちと他の種族の娘たちのことなのか、それともその逆なのか。いずれにせよ、この表現は二つの別個の家系が存在したように受け取られるわけで、そのうちの一つはアダム以前の人間たちのことなのだろうか）。もう一つは６ノ４の冒頭にある「その頃、ネフィリムが地上にいた」というもの。ヘブライ語のネフィリムとは曖昧な語で、欽定訳聖書では巨人と訳してごまかしているが、ここは、アダム以前の種族がいたことを語っているとの読みも可能である。

一六四八年に三〇年戦争が終わり、千年紀半ばを迎えた不安がヨーロッパ中を席巻《せっけん》していた折もおり、コンデ公の配下だったフランス人プロテスタントの知識人イサーク・ラ・ペイレールが、「アダム以前の人類説」という新たな解釈を引っさげてこの伝統的な懐疑に参入した。一六五五年に自由思想の地アムステルダムで出版した著書は、翌年には『アダム以前の人類』という書名で英語に翻訳され、相当な物議を醸《かも》し、著者にたくさんの災難をもたらした。ラ・ペイレールは逮捕され、厳しく尋問された。最終的に彼は、今で言う司法取引に応じた。早い話、カトリックに改宗し、「アダム以前の人類説」は間違いだったと認め、教皇に個人的に謝罪すれば罪を許すという取引に応じたのだ。一六五七年のはじめに、彼は教皇アレクサンデル七世に謝罪した。

ラ・ペイレールが教皇に面会して謝罪した件に関して、その謝罪はどうやら狂言だったらしいと思わせる逸話が二つ伝えられている。しかもポプキンによれば、いずれも実話だろうという。イエズス会の総会長が教皇とラ・ペイレールの本を読んでいかに「大笑い」したかをラ・ペイレールに話したという逸話と、邪説を唱える「危険分子」に面会した教皇が、「アダム以前の人類であるこの男を抱擁しようじゃないか」と語ったという逸話が語られているのだ。ことの真相がどうあれ、ラ・ペイレールは自説を放棄することなく、その後二〇年も生き、オラトリオ会士修道院の平信徒会員としてパリ近郊で死んだ（ラ・ペイレールはその後もアダム以前の人類説を擁護するにあたっては、その三〇年前にガリレオが拒否した用心深い道をたどった。この考えはとても興味深い上に、あらゆる証拠と合致するものの、教会がそう言うのだから正しくはないのだろうとだけ語ったのだ）。

ラ・ペイレールの説は、千年王国説と万人救済説の立場から提唱されたものである。神によるアダムの創造はユダヤ人の歴史の創始者としてであり、他の人種はそれ以前から存在していたのだとしたら、ユダヤ人が万人を最終的な救済に導かねばならない。ラ・ペイレールは、ユダヤ人の改宗が至福千年紀の先触れとなるという伝統的なキリスト教信仰に焦点を合わせた。今こそそれが間近に迫っているはずだ。ユダヤ人待望の救世主がじきに出現し、フランス国王と同盟してエルサレムに勝利の凱旋をするはずだ。救世主とフランス国王はエルサレムで統一されたキリスト教世界を支配する。寛容な国家であるフランスは、ユダヤ人の流入を求め、歓迎しなければならない。なぜならば、選ばれし民が拘束も迫害もなしに結集できれば、救世主が必ずや到来するからだという。

アダム以後の人間もアダム以前の人間も等しく救済されるというラ・ペイレールの救世主観と、それ以後（特に一九世紀）になされた「アダム以前の人類説」の焼き直しの大半との比較で皮肉なのは、後者は人種差別主義の擁護に使われている点である。なかでも特に「人類多元説」は、主だった人種はそれぞれ別個に創造された種であり、アダムは最も優れた白人の最後の先祖（最新が最高）であって、アダム以前の人類は劣った人種（最古が最低）であると主張していた。ようするに白人はアダム以後の人種で、他のすべてはアダム以前の劣った人種だというのである。

「アダム以前の人類説」の歴史に対する私自身の関心は、人類の多様性の起源と歴史という、科学にとって重要なテーマがまるで異なる視点から扱われている点にある。世俗主義の時代にあっては、そうした事実関係を問うには科学の経験的な方法を活用すべきである（宗教の役割は、人生の意味に関する宗教的な問いかけとか、人生の正しい送り方といった倫理的な問いかけを行なうことにある）というのが人々の気持ちである（私もまさにそうだと思う）。ところが「アダム以前の人類説」は、科学の訓練を受けた人間にとっては、〝恐ろしく異質〟な領域に属している。聖書という宗教書の分析に特化したものであったとしても、宗教そのものというよりも、聖書解釈学とでも呼ばれるべきものなのだ。

「アダム以前の人類説」は、当時開花しつつあった人類学や地質学といった科学がもたらす事実関係に訴えかけるものではなく、聖書の解釈に基づく論議を定式化し正当化したものである（ただし「アダム以前の人類説」の支持者たちも、世界中の多様な人間との初めての接触をもたらした探検航海のデータを活用したし、聖書に基づく説を補強するにあたっては、化石の記録や太古の発見を活用した）。私は、そのような平行的な伝統が存在することを魅力的だと思う。なによりも、同じ難問への取り組み方が一様ではないというのは素晴らしいことではないか——実り多い取り組みもあれば、最初の前提からして間違っている取り組みもあるにしても。「アダム以前の人類説」と科学は、二つの平行路線をたどった。両者は最初の前提も、議論の方法も、証明の基準もまるで違うのだ。時代的にもほぼ平行したのは、ラ・ペイレールのそもそもの著書が登場したのは、科学的方法が世界観の主流となったニュートン世代黎明期のことだったからだ。ところが一九世紀末に、人種グループの起源に関する実際の時代とそのタイミングに関する説としては進化論的な説明が勝利したことで、聖書解釈に基づく「アダム以前の人類説」は根拠を奪われてしまった。

つまりラ・ペイレールの説に関しては、聖書に基づく護教論の珍説としてではなく、当時の伝統的な神学（カトリック、プロテスタント双方）の枠内における果敢な挑戦として理解する必要がある。モーセが書いたとされる旧約聖書の最初の五章であるモーセ五書は、ユダヤ人の歴史を記したもので、全人類の年代記ではない。ラ・ペイレールは、このことから、それ以前の学者は誰一人としてあえて公言しなかった疑問を提唱した。すなわち、神に触発された言葉を記した聖書はその一字一句まで正しいという定説に挑戦したのだ。ラ・ペイレールのその行為がきっかけで、重要な神学論争が堰《せき》を切ったように開始され、科学の研究が進行する傍らで、宗教をめぐる研究（経験的手法による合理的な研究ではなく、文献学的なまっとうな研究）も活況を呈した。聖書は、もしかしたら間違ったことも書かれているかもしれない文書であり、「高等な批判」や解釈学的研究が取り組むべき対象である。信頼性に差があるさまざまな情報源からの記述をつぎはぎしたものであり、あらゆる問題が俎上にのせられることで深く理解されるべきものであって、無条件で従うべき絶対的な教義ではないという認識が生まれたのだ。

ラ・ペイレールの議論の基盤を説明すれば、人類の先史に関する聖書解釈学的アプローチと科学的アプローチがいかに異質でかけ離れたものであるかがよくわかる。ラ・ペイレールの主張を科学者が読めば、人類の起源の〝本物〟の探究と比べるとまことに笑止千万かもしれないが、聖書を字義どおり解釈する聖書解釈学という異質な伝統の中では重要な役割を演じたのだ。ラ・ペイレールは、上述したように聖書から通常の論拠を引用しているが、聖パウロの『ローマ人への手紙』（5ノ12〜14）にある次の一節に関する、奇妙ではあるが斬新な解釈に基づいて自説を展開している。

そういうわけで、一人によって罪が世界に入り、罪によって死が入った。かくして死が全人類に広まった。全人類が罪を犯したからである。律法が存在する前も世の中に罪はあったからである。しかし律法がなければ、罪は負わせられない。それでも、アダムからモーセまでのあいだも、アダムの違反のように罪を犯さなかった者をも死は支配した。

問題はこの一説にある。伝統的な（おそらく正しい）解釈では、この場合の「律法」とはモーセが神から授けられた十戒を意味している。この解釈に従うなら、この一文は、アダムは罪を犯したが、モーセがアダムの違反の内容を特定した神の言葉と後世の人間が背負わなければならない代償を受け取るまでは（原罪の教義）、アダムの罪が人々に〝公式〟に負わせられることはありえなかったことになる。それでも、モーセ以前の、正しい行ないをし、「アダムの違反のように」神に従わなかったわけではない人間もアダムの罪のせいとしての死を免れえなかった。しかも彼らは、モーセから律法を受け取ってもいなかったわけで、自分たちがなぜ死ななければならないかも理解しきれていなかったはずである。

現代のわれわれに言わせれば、「だからどうした」といったところだが、ラ・ペイレールにとってはそうではなかった。しかもそれには（じつに特異なものではあるが）明確な理由があった。パウロの言う「律法」はアダムに対する神の指示であって、モーセの律法ではないと、ラ・ペイレールは声高に主張したのだ。そうなると、律法よりも前に「世の中に罪はあった」とし、律法を最初に受け取ったのはアダムだとしたら、しかも人間は罪を犯せたとしたなら、そこから明らかなのは、アダムが創造される前から人間はいたはずだということになる。科学者か神学者かを問わずたいがいの人は、こんな危うい結果の連鎖からこの解釈をするには無理があると思うはずである。しかし、郷に入れば郷に従えと言うように、当時はそういう時代だった。

イザベル・ダンカンの著書と理論をいくらかでも共感しつつ理解するためには、こうした背景と、人類の先史を探求する科学と聖書解釈学は平行線の関係にあったことを知る必要がある。なにしろダンカンの考え方は、フランス国王とユダヤの救世主の下、至福の王国が実現して万人が救われるというラ・ペイレールの展望以上に奇妙に聞こえるからだ。ただ、ダンカンの議論は科学に立脚したものではなく、聖書解釈学の伝統を科学と調和させようとして出てきたものであることを理解すれば、ダンカンの思考様式が見えてくる（その特異な主張は箸にも棒にもかからないものだとしても）。ルドウィックは、ダンカンの著書の中身について、次のような重要な指摘をしている。「そのような説は珍妙に見えるかもしれないが、大きな社会的影響と人種問題を生起させがちな、聖書に則った世界観を振りかざす英国系アメリカ人のサブカルチャーと同根である」

一八六〇年にダーウィン流の新しい世界観と対峙したダンカンと、一七世紀半ばのヨーロッパで千年王国フィーバーの真っ只中にいたラ・ペイレールをそのまま比較すべきではない。しかし両人とも、自分たち流の「アダム以前の人類説」以上に大きな聖書の伝統にどっぷり浸かっていた。経験的な証拠に根拠を置く科学などの俗界の研究とは対立するというよりは、調和を求めるタイプだったのだ。この立場は、聖書は神のお告げによる真実の言葉として受け入れる一方で、科学がもたらした発見も尊重すべきだと主張する。真理とお告げは文字どおりに解釈する必要はない。したがって、科学の結論と調和させるにあたっては、聖書の言葉を否定したり反論することは許されないが、解釈することは許される。現代のアメリカでは「若い地球創造説」を掲げるつむじ曲がりが最も顕著なタイプだが、聖書の言葉をそのままに受け取っている。もし科学がそれと矛盾するなら、間違っているのは科学のほうであり、ただそれだけのことなのだ。

地質学と古生物学という新興しつつあった科学に関心をもっていた調和主義者にとっては、『創世記』の1章で語られている内容が常に悩みの種だった。すなわち、神は天地とあらゆる生きものを六日間で創造したという箇所と、そこで語られている族長と王の年代記から推定するに、地球の年齢はせいぜい五〇〇〇年か六〇〇〇年にすぎないという点である。このやっかいな問題に関しては長大な研究書が数多く書かれているが、手短にまとめるなら、調和主義者の議論には三つの主要な伝統が見られる。

第一の伝統は「間隙」説である。『創世記』は字義どおりに解釈すべきだが、第1節（「はじめに神は天と地を創造した」）と第2節から始まる特定の記述とのあいだには具体的に書かれていない膨大な時間――地球の年齢に関して地質学が発見しそうな間隙を満たせるだけの時間――が挿入されているというのだ。

第二の伝統は「日数＝時代換算」説。『創世記』の1章で語られている時系列は正しいのだが、欽定訳聖書では「日」と訳されているヘブライ語のyomは、特定の期間をさす言葉ではない。したがって聖書で言う「日」は、地質学上の発見が要求するくらいの長期間に相当しているというのだ。第三の伝統である「地域限定」説は、『創世記』の記述は近東に住んでいたユダヤ人の起源に限定したものだとの立場をとる。地球全体の完全な年代記ではないというのだ。したがって、アダムの子どもたちは他の地域に以前からいた人々の子孫と結婚したのだし、ノアの洪水は局地的な洪水という解釈も可能となる。そうだとしたら、あらゆる生物種の祖先が一艘の箱舟にはたして乗れたのかどうかという難問も避けられる。「アダム以前の人類説」のほとんどすべては、だいたいこの第三の伝統に立脚している。

イザベル・ダンカンに関しては、当時の観点から見ても現代の観点から見ても、その議論に粗雑な点が多いことは否めない。しかし、それでも評価しなければならないところが少なくとも一つある。聖書の本文一カ所を取り上げて論拠を組み立てるというラ・ペイレール独特の手法に倣って、調和主義的「アダム以前の人類説」に斬新な解釈を持ち込んだ点である。ラ・ペイレールは『ローマ人への手紙』5章だったが、ダンカンは『創世記』の1章と2章にもっと鋭い分析を加えた。それまでのアダム以前の人類説の大半は、現在の人種の多様性を説明するための説で、たいていはヨーロッパ文化の埒外にいる人々を貶《おとし》めるための説だった。ところがダンカンは、地球上における人類の起源は地質学的に見て古いことを説明するために、アダム以前の人類説の聖書解釈学的伝統を採用している。そして、現在の全人類は近世に実在したアダム一人に由来しているという論陣を張った。

早い話、ダンカンは、創造は別個に二回なされ、そのつど人類が創造されたと主張したのだ。神は、最初の創造の終わり近くにアダム以前の人類を創造した。ところが二回目の創造を開始する前にすべての生きものを破壊した上で、改めてアダムを創造し、その後の全人類の祖先にしたというのである。その結果、アダム以前の人類は古い地層に人工物を残しているものの、現代人のすべては第二の創造で誕生したアダムの子孫ということになる。

ラ・ペイレールによる『ローマ人への手紙』の解釈は、彼特有の奇矯な論拠の域を出るものではなかった。ところが、『創世記』の最初の二つの章に対するダンカンの解釈は、「アダム以前の人類説」の歴史の中でも驚くほど斬新な分析であり、立派な洞察への誤った解になってしまった。私は、これまで何度となく驚かされてきたことがある。それは、聖書は字義どおりに解釈されねばならないと断言する創造論者を含めて、『創世記』の1章と2章で語られている天地創造の物語は、額面どおりに読めばまったく異なる物語であるということを覚えている人がいかに少ないかということである。『創世記』の1章は、創造の六日間を従来の順序で語っている。地球から始まって、光、植物、太陽と月、動物は魚から哺乳類へと「立ち上がって」いく順で、最後の六日目に人間の男女がいっしょに創造される。「このように神はご自身の姿に似せて人を創造した。神の姿で人を創造し、男と女とに人を創造した」（『創世記』1ノ27）

ところが『創世記』の2章では話ががらりと変わる。神は、生きもののいない地球上の唯一の男として最初からアダムを造る。「そこで神である主は土の塵から人を造り、その鼻に命の息を吹き込んだ。そして人は生きものになった」（『創世記』2ノ7）。次に神はアダムをエデンの園に置き、その後で植物を造り、次いで最初に創造した生きものの孤独を和らげるために動物を造った。「人がひとりでいるのはよくない」（2ノ18）。そこで神はすべての動物をアダムの前にもたらし、それらに名前をつける特権をアダムに授けた。

しかしそれでもアダムは孤独だった。そこで神は、アダムの肋骨から「彼にふさわしい助け」（2ノ20）を造った。「神である主は彼のあばら骨の一つを取り、そこを肉でふさいだ。そして、男から取ったあばら骨から女を造り、男のところに連れて来た。するとアダムは言った。これこそ私の骨からの骨、肉からの肉。これを女と呼ぼう」（2ノ21〜23）

これほどのちがいがあることが忘れられているのは、二つの物語をいっしょにしてしまい、自分たちにとって口当たりのよい物語に仕上げてしまっているせいなのだろう。『創世記』1章からは六日間の出来事を採用しながら、イヴをアダムのあばら骨からこしらえるという話と、エデンの園の最初の様子がお気に入りなのだ。そのせいで、『創世記』2章からのこの〝脚色〟を『創世記』1章（男女同時の創造）の異なる答として接木してしまうのだろう。

この食い違いに関しては明確な説明によって裏づけられており、学術論争や神学上の重大な意義が改めて参入することはない。この二つの物語が異なっているのは、古代の編纂者たちが聖書をまとめるにあたって利用した、いくつもの異なる資料のなかの二つの顕著なテキストに由来する別個の物語だからである。現代の聖書批評学者はその二つをそれぞれE資料とJ資料と呼んでいる。それぞれの資料における神の呼び名が、エロヒム（Elohim）とヤハウェ（Yahweh）となっているからである。ヨーロッパのキリスト教会ではヤハウェをエホバと音訳して使われるようになった（ヘブライ語の書き言葉では母音を用いない。そのため昔のキリスト教会はヘブライ語テキストで神を指すＹＨＷＨという四子音文字から発音を推測するほかなかった。昔のヨーロッパキリスト教会の共通語であるラテン語のアルファベットには、ＹもＷもなかったため、それに変わる子音字と推測に基づく母音を組み合わせてエホバ〔Jehovah〕となったのだ）。したがって、旧約聖書の初めの五書はモーセ五書と呼び習わされているものの、神からの直接の命令でモーセが記した文書というわけではない。『創世記』や他の聖書内の矛盾は、異なるテキストからの合成であることの必然の結果なのである。だからといってそのことで信仰が脅かされることはない。しょせん、聖書は自然史に関する実話ではないからだ。

しかしイザベル・ダンカンはこうした聖書学の伝統に則ってはいない。彼女は篤い信仰心ゆえに、聖書の内容は一貫しており、間違いはないという昔ながらの信念に忠実だった。もちろん解釈の余地はあるが、額面どおりに信じるべきだというのである。調和主義者たるダンカンは、科学の新しい発見を尊重しつつも、聖書を正しく読めば、科学によってどんな事実が発見されたとしても矛盾は生じるはずがないと固く信じていた。ダンカン独自の「アダム以前の人類説」は、このような二重の信念から生じたものなのだ。

ダンカンに言わせると、二つの創造譚はまったく異なる内容として読むべきだという。しかし聖書のテキストも一貫しているはずだということになると、それぞれで語られている異質な出来事にはどのような意味があるのだろう。ダンカンはこの問題を、科学がもたらした経験的な証拠ではなく、聖書解釈学的な分析で解決しなければならなかった。しかも、〝聖書の文章という証拠への揺るぎない忠誠〟という立場からそれをしなければならなかった。だが、二つの創造譚がほんとうに矛盾しているとしたら、この二重の調和（『創世記』1章と2章との調和、それと聖書全体と科学的証拠との調和）を実現するにはどうすればいいのだろう。

ダンカンはまず、聖書のテキストは隠喩的なものかもしれないが事実関係として間違ってはいないという自らの前提がはらむパラドクスをさらけ出すことから始めている。

『創世記』の1章と2章には、人類の創造に関して二つの異なる説明がある。それらは著しく異なってはいるが、同じ出来事に関する記述であると一般には解釈されている。私はこの解釈には無理があると長らく思ってきた。

二つの物語におけるアダムの位置に大きな問題があるというのだ。1章では他の動物が創造された後でアダムが創造されているのに対し、2章ではアダムのほうが先に創造されている。

1章では、人間以外の多くの下等な動物が五日目に登場しており、人間はその後である。それに対して2章では、人間は下等な動物が創造される前に創造されてエデンに置かれている。動物は、創造したばかりのアダムにとって必要だろうとの神の特別な計らいによるものだ。

次いでダンカンは、二つのテキストは同じ出来事に関する矛盾しない説明であるという宗教学者の調和の試みを要約している。神は文学的な戦略として重複的な説明を選んだかもしれないではないかというのである。「霊感を受けたモーセが同じ事項について第二の説明を与えることを阻まれていたとは思えない」。しかしダンカンは、二つの物語では出来事の順番が違っているというテキスト上の明白な証拠を避けて通るわけにいかなかった。「1章と2章との関係はこういうこと［同じ出来事の別の物語］でいいとしたら、少なくとも互いに矛盾した話ではなくなるということでなければならない。……両者のあいだに調和しえないほどの相違はないだろう」
そしてダンカンは、独自の「アダム以前の人類説」を編み出すに至った独創的な解決を見出している。いずれのテキストも正しいのだが、地球上の生命の歴史における二つのまったく異なる創造に関して、正しい時間的順序で二つの物語を語っているというのだ（ヘブライ語のアダムは、特定の人物の名前というよりは総称とも解釈できる。そうなると、二つの物語は別々の祖先に関するものとなりうる）。ダンカンは自説を次のように要約している。

この二つの箇所に対する正しい説明のしかたは二つの別個の創造に関する話だと考えればよいとの結論に達した。二つの物語はそれぞれ時代が遠く隔たったもので、しかもまったく異なる状況下で起きたものなのだ。私のこの確信は、読解と考察を重ねるほど強まっている［これはテキストに関することで、科学的なデータに関しては言及していないことに注意］。

地質学と古生物学によって最初の創造がなされた年代はとても古いと判明したことについては、調和主義の伝統である「日数＝時代換算」説を採用している。「創造の六日間というのは実際には六つの時代ないし六周期のことだという学識者が広く認めている信念を採用することには十分な理由があると思う」。そうなると、二番目になされた、現在の人類の祖先であるアダムの創造は、地質学が発見した太古の時代を論拠に疑義を唱えられる心配はなくなる。最初の創造に長い時間がかかったとすればそれですむからだ。

ここまではまあいいだろう（それほどへんてこりんでもない）。しかしダンカンの二回創造説は、別の難問を突きつける。かつては長く存在していたのに現在は絶滅してしまったアダム以前の人類はどこに行ってしまったのだろう。ダンカンの説では、大型絶滅哺乳類（マンモス、ホラアナグマ、ケサイ）の骨で作られた人工物は、最初の創造によって誕生したアダム以前の人類のものとされる。ただし考古学の証拠が集まる中で激しい論争を経て、それらは現生人類が製作したものであると確定された。ところが明白に太古の人類の遺骨とわかるものは、まだ見つかっていなかった（それが見つかるのは、ユージン・デュ・ボアがジャワでホモ・エレクトゥスの化石を発見する一八九〇年代になってからのことである）。つまり、矢じりや石斧の存在がアダム以前の人類の存在を証明するにしても、その骨が化石として残されていないとしたら、物理的証拠はどうなってしまったのだろう。

それが何者で、どのような生活をし、どういう特徴をしていたのかを示す遺物は何もないのだろうか。その時代の鳥や獣、草木、花、果実などは世界中にその痕跡を残している。人類の遺物は残っていないのか。……その遺骸はどこにあるのか。相応の時代の岩石には下等な動物の骨が見つかるのに、アダム以前の人類の骨はどこにあるのか。

この時点でダンカンは、自説に固執するあまり愚行に陥っているのだが、本人は議論を論理的に拡張したにすぎないと思っている。たしかに、「証拠がないことは不在の証拠ではない」というのは科学のモットーである。理論を提唱してほどなく検証にかけられている時期には、証明できないことが証拠の探索に拍車をかける。一方、決定的な反証はただちに仮説の否定につながる。理論を発展させるあいだも検証の失敗が続き、今後確証される見込みはなくなってもまだその理論にしがみつくようになったなら、その理論は捨てられるべきである。人類進化の事例では、燧石の石器は地質学的な記録として、もろい骨よりもはるかに長持ちする。そのため、人工物だけが見つかっている場合には人骨の探索に拍車がかかる。結局、その期待は、ダンカンの著書が出版されて三〇年を経ずしてかなえられた（もし一四〇年を経た今も人類化石が見つかっていなかったとしたら、われわれは別の説を考えねばならなかっただろう。ただしダンカンの筋書きでは断じてない）。

ダンカンは、自分なりの聖書解釈の論理に従った。聖書が第二の創造でアダムの息子全員に最終的な肉体の復活を約束しているとしたら、最初の創造が破局的な最後を迎えた時点で、神はアダム以前の人類の子孫にもその約束を実行するのではないか。そうだとしたら、アダム以前の人類について、道具が見つかるだけで骨は見つからないはずだ。では、復活したアダム以前の人類はどこに行ったのか。

ダンカンは、この最大の難問に仰天すべき解決を提出した。復活したアダム以前の人類は、われわれのもとを訪れているとされる伝説の天使だというのだ。

あえて言おう。聖書には、天使軍の来訪が数多く記されている。しかしその起源は不明である。アダムの家族との関係もきわめて緊密であるのに、説明はない。……この天使軍こそ、アダム以前の人類を起源とする純粋で聖なる存在であり、その創造主同様、以前と同じ土地にいる。

しかし、仮想的な解決を一つ加えることで、すでにかなり無理が来ている論理にいっしょに包含されている副次的な問題をも危機にさらすことになる。アダム以前の人類が復活して天使になれるほど善良だったとしたなら、そもそも神はなぜ彼らを滅ぼし、どう見ても罪のない植物や他の動物といっしょに同じ墓に埋めてしまったのか（しかもそれら不運な下等生物には復活を許すことなく）。そんな事件は、静観しがたいほどおぞましいものだったにちがいない。世界を破壊することが唯一の理にかなった選択肢だったほど神を苦しめたものは、はたして何だったのか。

ダンカンは、自説を完結させるためにこの最後の難問を解決した。アダム以前の人類の中の不埒な集団が神にそむき、すべての生物がその罪の巻き添えになるしかなかったというのだ。それら悪党どもは、堕天使として今でもわれわれに付きまとっている。悪魔とその一族郎党である。さらには、地球を破壊し（そのすぐ前にスイス人自然史学者のルイ・アガシが発見したように、氷河時代としてその傷跡は残されている）、善人と悪人をいっしょに復活させるにあたり、神はアダム以後に人間に二つの警告を与えた。罪を犯し悪魔の言いなりになるようなら、罰が下ることを覚悟しろというのだ。

堕天使ルチフェルは悪魔であり、アダム以前の人で、野心的で進取的で誇り高く有能だった。その餌食もまた人間で、ルチフェルの嘘に耳を傾け、同じ罪を犯そうとした者たちだった。神の怒りは謀反人に破滅をもたらした。……神は、地球を猛烈に揺さぶられたときに振るわれたとてつもない力の跡を、見間違いようのない形であらゆる場所に残された。

さあこれで、生物の歴史絵巻を斬新な方法で描いたダンカンの図版（本エッセイの冒頭で論じたもの）の意味が理解できる。それは、科学的発見に基づく斬新な図柄ではなく、聖書解釈による「アダム以前の人類説」という伝統の枠内で描かれた、地球の歴史に関する神学的な筋書きなのだ。アガシが発見した氷に覆われた世界を示す白塗りのゾーンは、地質学という科学によって正当化されうるが、ダンカンにとって、その激変の意味は違っている。それは、アダム以前の人類の中の悪魔的集団が堕落した後に神が振るった鉄槌《てっつい》の跡であり、「神の大いなる鋤《すき》」（氷河時代に関してアガシが用いた比喩だが、ダンカンのそれとは目的も意図も異なる）が地球を一掃し、最初の創造の成果を破壊し、アダム以後の新しい種族を貧弱な大地に迎え入れるための畝《うね》を用意した跡なのだ。

さてそこで、イザベル・ダンカンの説については、人類の先史に関する突拍子もない提案としておもしろがる以外に何が言えるのだろう。科学者ならば、とても認められない憶測として片づけてしまいたいところだ。たしかに、先史時代の人類化石は見つからないのに人工物だけが地質学的な記録として保存されているのはなぜかを説明するために、ダンカンは巧妙な説を立てた。しかしその後、先史時代の人類化石は大量に見つかっており、ダンカンの説はまったくの間違いだった。

しかし、もうちょっと探りを入れて、ダンカンはなぜそんな説（科学者から見て奇妙なだけでなく、当時の大半の神学者にとってもいささかおかしな説）を立てたのかと問うてみよう。すると、制約という一般的な視点について考えねばならなくなる。そして、イザベル・ダンカンの事例から貴重な教訓が得られる。ダンカンに課せられていた明々白々な制約から、私たち自身が知らずに負っている限界が見えてくるからだ。人はみな、視野の狭い心の羅針盤を通して自然界を見ている。しかも、自分たちが想定していることのさらに先まで見通すにはどうすればよいかわかっていないのが通例である（過去の大天才たちの大理論が現在のわれわれには珍説でしかない理由がこれ）。

ダンカンは、微塵も疑うわけにはいかない資料を文字どおり解釈するという、自らに課した限界の中で事を運んだ。そのような信念の下では、さまざまな仮説を試す余地はあまり残されていない。これは、自然界の難問を解こうとする場合の大きな足かせとなる。さらには、イザベル・ダンカンにはもっと大きな制約が課せられていたのではないかとも問いたくなる。当時の時代状況として、知的女性には周辺的な地位しか与えられていなかったことが、彼女の視野をさらに狭める結果になった可能性はないのかという問いだ。はたして彼女は、その狭い居場所で満足していたのだろうか。それともそうした制約を打破したがっていたのだろうか。自分を前面に出してはいない（ただし情熱はあふれている）本の中でただ一カ所、厚いベールを持ち上げて不満を覗かせている部分がある。アダム以前の人類を神は天使として復活させたという自説への想定される反論をあらかじめ封じる必要があった。復活させられた人類には男性も女性も含まれていたはずだが、聖書には男性の天使しか登場しない。アダム以前の人類の女性はどこに行ってしまったのだろう。彼女たちも天使になったと、ダンカンは答えている。ただし、テキスト上の偏見によって言及されることのない透明な天使になったというのだ。ちょうど、社会的偏見が女性や子どもをそのような境遇に追いやっているように。

聖書が長らく黙してきた明白な事実がほかにもたくさんある。その間も女性は地上に存在していたことは、もし聖書がその存在を肯定していて当然だとしたら、疑問視されてしかるべきだろう。小さな子どもが登場しない時代も長い。

ようするに、証拠がないことは不在の証拠ではないのだ。あるいは、これと似た状況でハムレットが「自然の傑作」たる人間について皮肉をこめて言った台詞を思い出そう。

何を言う。たとえクルミの殻に閉じ込められようとも、無限の宇宙に君臨する王と思い込める男だぞ、おれは。悪い夢さえ見なければな。

心の慰めという拘束を打ち壊したいならば、恐ろしい考えにも代償を厭《いと》うべきではないのかもしれない。

8章　フロイトの進化論的空想

一八九七年のこと、デトロイト市の公立学校は理想的とされる新しいカリキュラムを用いた実験を大々的に展開した。一年生にはインディアンの英雄を謳ったロングフェローの詩『ハイアワサの歌』を読ませることになった。この年代の子どもは、過去の進化段階のうちの「放浪的」で「原始的」な段階を反復するため、そのレベルの英雄がふさわしいとの理由からである。同じ頃、大英帝国のラドヤード・キップリングが帝国主義に捧げる賛歌『白人の責務』という詩を書いた。キップリングは、「新しき囚われ人、半ば悪魔にして半ば幼児のごとき生気なき民」のために辛い責任を担えと白人を鼓舞したのだ。ルーズヴェルト大統領は、詩の効用を知った上で、ヘンリー・キャボット・ロッジ上院議員に、キップリングの心意気は「詩としてはお粗末だが、領土拡大という視点では意味がある」と書き送った。

脈絡のなさそうなこれらの出来事は、ある説が進化論をめぐる大衆文化に多大な影響をおよぼしていることの証《あかし》である。その影響度は、自然淘汰の原理が生物学におよぼした影響に次ぐほど大きい。その説とは、「個体発生は系統発生を繰り返す」という、意味不明っぽい述語を含んではいるが甘美な響きをたたえた主張である。平たく言えば、動物は胚から成長する過程で、進化でたどった祖先の成体段階を順に繰り返すというのだ。ヒトの胚に見られる鰓裂《さいれつ》は、魚だった遠い昔の名残であり、もう少し成長した胚のしっぽ（やがて吸収される）は両生類だった祖先の名残であることになる。

拙著『個体発生と系統発生』（一九七七）で年代紀風に綴ったように、生物学は、もう半世紀ほど前にさまざまな理由でこの説を放棄した。しかし反復説と呼ばれるこの説は、それ以前に幅広い領域で甚大な影響をおよぼした。そうした影響のなかから、具体的に三つの例をあげてみよう。まず、〝生まれつきの犯罪者〟の行為は、サルの特徴が正常な人間の個体発生を乗り越えて保持されることで顕在化し、不幸にも遺伝的にお粗末な資質と混ぜ合わされたことによる必然であるという、とても影響力のあった主張の基盤となった。あるいは、〝原始的〟な文化に属する成人を、しつけと支配が必要な白人の子どもの相似形として記述することで、さまざまな人種差別的主張の裏づけとされた。また、児童は、今よりも単純だった過去の時代の成人と同等の存在であるとの前提に基づく初等教育のカリキュラムがあちらこちらで構築された。

反復説は、二〇世紀に大きな影響力をもったいくつかの運動のうちの一つを形成する上で、ほとんど自覚されないまま大きな役割も演じた。それはフロイトの精神分析である。数々のフロイト伝説により、彼の理論が先行理論の延長であることは軽視され、精神分析理論は突如として現われた斬新な思想であると見られがちである。しかし、フロイトは進化理論勃興期のさなかに生物学者として教育を受けており、彼の理論はダーウィン進化論の主要な理論に深く根ざしている（フランク・J・サロウェイは、『フロイト——心の生物学者〔*Freud, Biologist of the Mind*〕』という伝記で、創造的な仕事をした天才のほぼすべては、完全な独創性の持ち主だったという伝説に取り巻かれていると論じている）。

生物学における古典的な反復説の〝三重の平行現象〟が、高等な種の子どもと、祖先種の成体および今もなお存続している〝原始的〟な系統の成体双方を等価なものとした（たとえば、鰓裂をもつヒトの胚は、三億年ほど前に生息していた実際の祖先にあたる魚と、現在も生存しているすべての魚双方に相当している。それを人種差別主義者の解釈で拡張すると、白人の子どもはホモ・エレクトゥスの大人の化石と現代のアフリカ人の大人両方と比較できることになる）。フロイトはそこに第四の平行現象を導入した。神経症の成人は、重要な点で、正常な子どもや祖先の大人、あるいは原始的な文化に属する正常な現代人の成人に相当すると主張したのだ。成人の病理に関する第四の項目は、フロイトのオリジナルではなく、当時のさまざまな理論の中から生じたものである。たとえば、ロンブローソの犯罪者の概念、新生児の奇形や精神遅滞は祖先の成体では正常だった胚段階をそのまま引きずったものとして解釈したさまざまな説などである。

フロイトは、反復説への肩入れをことあるごとに表明していた。『精神分析入門』（一九一六

〜七）には、「すべての個人は、人類の全発生を短縮したかたちで反復している」という一節がある。一九三八年に記した覚書には、第四の項目の図像的イメージを提起している。「神経症患者の場合は、まるで先史時代の風景の中にいるようだ。たとえばジュラ紀だろうか。巨大な爬虫類があたりを駆け回り、トクサがヤシ並みの高さに成長している」

しかもこの言葉は、単に束の間の空想だったり瑣末な関心事だったわけではない。反復説は、フロイトの知的成長の中で中心的な位置を占め続けた。フロイトは、性的発達段階（肛門期、口唇期、男根期）説をまとめる以前の初期の時点で、親友で共同研究者だったヴィルヘルム・フリース宛の手紙で、嗅覚刺激の性的抑圧はヒトが系統発生の段階で直立姿勢に移行したことに対応していると書いていた。「直立姿勢が採用され、鼻が地面から遠く離れた位置になり、それと同時に、以前は地面と結びついて関心を煽っていた感覚の多くが不愉快なものとなったのです」（一八九七年の手紙）。フロイトが後にまとめた性的発達段階説は、明らかに反復説に基づくものだった。幼児期の肛門期と口唇期は、味覚、触覚、嗅覚が支配的だった四足時代に相当しているというのだ。ヒトが直立姿勢を進化させるにしたがって、視覚がいちばん主要な感覚となり、性的刺激は男根期に向けられるようになったという。フロイトは一九〇五年に、口唇期と肛門期は「ほとんど初期の動物段階への回帰としか思えない」と書いている。

後の二つの重要な著作では反復説が中心にすえられている。『トーテムとタブー——未開人と神経症者の精神生活間の一致点』（一九一二〜一三）では、現代人の幼児におけるエディプスコンプレックスの存在と成人の神経症者におけるその持続や、未開文化における近親相姦禁忌とトーテミズム（保護しなければならない神聖な動物を氏族と同一視しつつも、年に一度の祭では食べたりする）の実施から、系統発生上の複雑な過去を推測している。初期の人間社会は族長制の部族として組織され、家長は息子たちを同じ氏族の女性との性的接触を禁じることで君臨していたと、フロイトは論じる。不満が高じると息子は支配的な家長を殺したが、するとその罰として女性を所有できなくなった（近親相姦禁忌）。罪を犯した息子たちは殺した父親と動物のトーテム種と同一視することで罪を償いつつも、年に一度の祝祭でトーテム種を食べる殺害の再現によって勝利を祝った。現代人の幼児は、エディプスコンプレックスにおいてこの父親殺しを再現している。フロイトの最後の著書『モーセと一神教』（一九三九）では、同じテーマが特殊な背景の下で繰り返されている。フロイトによれば、モーセはユダヤ人と命運を共にしたエジプト人だというのだ。最終的には、自ら選んだ民が彼を殺し、その圧倒的な罪を贖《あがな》うために、唯一絶対の神の預言者に仕立て、ユダヤ・キリスト教文明の中心の座を占める倫理的理想像となったのだという。

フロイト研究者が最も重要な新発見と讃えてきた研究は、フロイトの理論において反復説が果たした役割が、それまで誰も想像していなかったほど大きなものだったことを証明した。ただしそう評する研究者たちはほぼ全員が、やはり、反復説とフロイト理論との関係を誤解している。なぜならば、フロイトが生物学に与えた影響は、フロイトは生物学者ではないという分類によって薄らいでいたし、かつては一世を風靡していた反復説が失墜したことにより、現代の大半の生物学者の意識から抜け落ちてしまったからだ。一九一五年、戦争の影の中で精神分析学者として六〇歳を迎える年を開始したフロイトは、自分の全仕事の理論的基盤を設定する大プロジェクト「メタ心理学」の著述に取り組んでいた。彼はそのために一二篇の論文を書いたが、後に、さまざまな憶測を呼んだ定かではない理由により、その計画を放棄してしまった。その一二篇の論文のうちの五篇は最終的に公表されたが（いちばん有名なのは『喪とメランコリー』）、残りの七篇は失われたか破棄されたとされていた。ところが一九八三年に、イルゼ・グルブリッヒ・シミティスが、フロイト自筆の、一二番目のいちばん一般的な論文のコピーを発見した。その原稿は、フロイトの娘アンナ（一九八三年に死去）所有の鞄に、フロイトのハンガリー人共同研究者シャーンドル・フェレンツィの論文といっしょに収められていた。ハーヴァード大学出版局は、その論文を一九八七年に『系統発生的空想』という書名で出版した。

フェレンツィとの関係は、フロイトの精神分析理論の中心をなす説としての反復説の重要性を高めている。フロイトは、重要な仲間だったアルフレート・アドラーとカール・ユングの離反に深く傷ついていた。しかしフェレンツィは忠実なままで、傷心の日々にあって彼との個人的および知的絆を強めていた。「君は今や私にとって唯一の盟友です」と、フロイトは一九一五年七月三一日付の手紙でフェレンツィに書いている。メタ心理学の論文を準備する中で、フロイトとフェレンツィとのあいだで密度の濃い文通が交わされた結果、それらの論文はほとんど共著論文と見なしてよいほどのものとなった。一二番目の論文である『系統発生的空想』が保存されていたのは、ひとえに、フロイトがそれに対する意見を聞くために草稿をフェレンツィに送っていたことによる。フェレンツィは、フロイトの仲間のなかでは最も幅広い生物学の教育を受けていたこともあって、精神分析の歴史の中で反復説を最も強く信奉していた人物である。フロイトが系統発生的空想をフェレンツィに送った一九一五年七月一二日の手紙は、「この内容すべての優先権が君にあることは明白です」と締めくくられている。

フェレンツィの注目すべき論文『タラッサ――性器性欲の理論』（一九二四）は、人間心理の多くは居心地のよい子宮への無意識の回帰願望の名残であるという、現在から見ればいささかばかげた主張として知られている。子宮の中は、「外界での存在を特徴づける環境とエゴとの痛烈な不調和を感じさせない場所」だというのだ。フェレンツィ自身、『タラッサ』は「ヘッケルの反復説への支持として」書いたと認めていた。

フェレンツィは、性交は悠久の海の安寧さに包まれていた過去の系統への先祖返りであると見なしていた。「タラッサ（海）への回帰傾向は……遠い過去に捨てた海中生活への模索である」。性交後の倦怠感は、海の中の安寧さの象徴であるとも解釈していた。また、ペニスは魚の象徴であり、それが太古の海としての子宮に挿入されるのだという。しかも、性交の結果として生じる胎児は羊水の中で胚として過ごすわけであり、祖先の水中生活を想起させるとも指摘した。

フェレンツィは、現代人の精神生活にさらに古い時代の出来事を位置づけようとした。性交後の休息を、生命の起源に先立つ先カンブリア時代の世界を支配していた究極の静謐《せいひつ》にまでさかのぼって喩えようとしたのだ。フェレンツィは、両親の性交による受精からその子どもの死までの一生を、人類進化の全行程を描いた巨大な絵巻の反復に見立てたのだ（フロイトなら、考えうる象徴と現実とを融合させてしまうところまでは踏み込まないだろう）。死を争う休息の中での性交は生命が生まれる前の太古の地球に相当し、妊娠は生命の始まりを反復している。海を象徴する子宮の中の胎児は、原始的なアメーバから完全なヒトまでの祖先の段階すべてを経過する。出産は、爬虫類と両生類による陸上への移住の反復であり、幼い性衝動から完全な性成熟の前までの潜在期は、氷河時代が強いる無気力の繰り返しである。

このような氷河時代における人類の生活に関する記憶により、フェレンツィの考えと、フロイトの系統発生的空想とを結びつけることができる。フロイトは、古代に関するフェレンツィの多彩ではあるが大仰な推測を避けつつも、現代の精神生活から人類史を再構築する試みにおいて、氷河時代を出発点としているからである。フロイト理論は、人が成長する間に出現する順序から神経症を分類しようという試みに基礎を置いているのだ。

理論は人の認識に足かせをはめずにはおかない。自然を記述するための絶対的方法や客観的方法、あるいは明白な方法などあるはずもないのだ。神経症をその出現するタイミングで分類する正当な理由などあるだろうか。神経症を記述し順序づける方法は、ほかにいくらでもありそうなものだ（社会的影響、共通した行動や構造、精神に対する感情の影響、神経症の原因ないしはそれに伴う化学的変化等々）。フロイトがあえてその方法を選ぶことにしたのは、神経症を進化論的に説明することへのこだわり、もっとはっきり言うなら反復説に基づいて理論を構築することにしたからにほかならない。その視点に立つと、人類史がたどった事象が神経症を設《しつら》えることになる。神経症患者は、正常人ならばそのまま通過する成長段階に固着した結果と解釈されるからだ。成長過程の各段階は、人類進化史がたどった過去の事象の反復である。したがって個々の神経症は、人類の祖先のある特定の進化段階への固着ということになる。そうした行動は、過去の個々の時点では適切で適応的なものだったかもしれないが、様相ががらりと変わった現代社会においては神経症を発症させるのだ。それゆえに、神経症の出現順序がわかれば、先史時代に人類が体験した一連の重要な事象として個々の神経症の進化的な意味（それとその原因）を知る手がかりが得られることになる。フロイトは一九一五年七月一二日にフェレンツィに宛てた手紙で、「現時点で神経症とされているものは、かつて人類が経験した状況の各段階なのです」と書いている。『系統発生的空想』では、「神経症は人類の精神が発達した歴史の生き証人であるにちがいない」とフロイトは書いている。

フロイトはまず最初に、フェレンツィの考察と合体させた自身の性的発達段階説により、遠い昔の系統発生の諸側面をそれらが幼児の発達において出現することから把握できる可能性を認めることから始めている。しかし系統発生的空想に関しては、発達後期に出現する二組の神経症に記録された（もっと象徴性の薄い）歴史に限定して論じている。転移神経症と自己愛神経症とフロイトが名づけた神経症を取り上げているのだ。フロイトは、系統発生的空想の主眼として、この二つの神経症を連続した六段階に分けている。まず三種類の転移神経症（不安ヒステリー、転換ヒステリー、強迫神経症）があり、その後に三種類の自己愛神経症（早発性痴呆［統合失調症］、パラノイア、鬱病）が続くというのだ。

さまざまな深遠なアイデアと結びつけられる一連の神経症が存在する。個人の一生において出現しやすい時期に従って神経症を配置するとそれが見えてくる。……不安ヒステリーが最初に出現し、すぐに転換ヒステリーが（四歳くらいから）続き、思春期直前（九〜一〇歳）の子どもに強迫神経症が現われる。自己愛神経症は児童期には存在しない。自己愛神経症のうち、古典的な病状の早発性痴呆は思春期の病気であり、成人に近づくとパラノイアが出現し、同じ時期に鬱病も出現する。

フロイトは、人類が氷河時代に直面した困難に対処するために発達させた行動の反復として転移神経症を説明した。「不安ヒステリー、転換ヒステリー、強迫神経症それぞれの素因を氷河時代の開始から終了までの間に全人類が潜り抜けねばならなかった各フェイズへの退行として認識したい誘惑に強く駆られる。個々の時代における人間の唯一の状態が、現在の各段階に対応しているのだろう」。不安神経症は、困難だった当時への最初の反応にあたる。「氷河時代の到来によって不自由を強いられていた人類は、漠然とした不安に駆られていた。それまでは概《おおむ》ね友好的であらゆる満足を与えてくれていた外界が、たいへんな危難の元と化したのだ」

そのような危険な時代には、大集団を養うことは不可能で、出産制限が必要になった。その時代に適応していく過程の中で、人類は本能的な衝動を別の対象に向けることを学び、それによって出産を制限した。それと同じ行動が系統発生の記憶として現時点で出現すると、不適切な行動となって第二の神経症である転換ヒステリーとなる。「出産制限が社会的な義務となった。妊娠に結びつかないねじれた満足に走ることで、出産を避けることができた。……そうした状況のすべてが、転換ヒステリーの症状に相当している」

第三の神経症である強迫神経症は、氷河時代の困難な状況を克服した名残である。われわれは、生活を律し、苛酷な環境に打ち勝つためにたくさんのエネルギーと知恵を割かねばならなかった。それと同じ矛先のエネルギーが、今は、規則に従い意味のない細部にこだわらねばならないという強迫観念となって神経症が発症するのではないか。かつては必要とされていたこの行動が、現在は「強迫観念、些細なことに向けられる衝動としてのみ残されている」というのだ。

そしてフロイトは、すでに『トーテムとタブー』で認定していた、思春期に現われる自己愛神経症を氷河時代後の人類史の事象に位置づけた。統合失調症は、父親に挑戦する息子を去勢しようとする父親の復讐の名残なのだという。

古代における去勢の効果は、リビドーの消去と個人の成長停止と想定できるかもしれない。

そのような状態は、愛すべき対象すべての断念、あらゆる昇華の低下、自己性愛への復帰を導く早発性痴呆として反復されているように思える。若者は、まるで去勢されたかのように行動する。

（フロイトは『トーテムとタブー』の中では、一族から息子を追い出す役割のみを父親に課していた。それが今回は、去勢という厳しい罰を選んでいる。このような態度の変化に関しては、〝息子〟とも思っていたアドラーとユングが自分の理論を否定し、対抗する学派を形成したことに対してフロイトが怒った結果であるとの指摘がある。フロイトは、去勢という概念を持ち出すことで、アドラーとユングの成功の道を絶つことができたというのだ。私は、この方面の精神分析的思弁にはあまり魅力を感じない。フロイトはもちろん、去勢という罰が自説の進化論的説明に困難をもたらすことに気づいていなかった。息子を去勢したのでは、過去の事象を遺伝として伝える子どもをつくれないではないか。そこで、母親のとりなしで、下の息子たちがその代わりとなると、フロイトは考えた。代わりとなった息子は子どもを残すために生きるが、兄に降りかかった運命を目の当たりにしたことで精神的に傷ついてしまった）。

その次の神経症であるパラノイアは、追放された息子たちが、強い絆で結ばれた追放者グループ内では避けがたい同性愛へと走らないための闘争の名残である。「未だ見つかっていない同性愛の遺伝的性癖が人類のこの時期の状況の遺伝形質に見つかる可能性はある。……パラノイアは、友愛組織の基盤である同性愛を撃退しようとする。そして、同性愛者を社会から追い出し、その社会的純化を破壊するはずである」

最後の鬱病は、凱旋した息子による父親殺しの名残とされる。躁鬱病における極端な気分の揺れは、勝利の歓びと親殺しの罪の意識双方の名残とされる。「まずは父の死に対する勝利感があり、ついで、未だに父親をモデルとして崇めているという事実に対する嘆きがある」

現在の観点から見れば、このような推論はあまりにも強引で、たとえかの有名なフロイトの説といえども、ばかげていると言ってただちに退けたくなる。たしかにフロイトの主張は、その後の半世紀に得られた知見に照らせば、まったくの見当違いである（なかでも特に、フロイトの説はあまりにもヨーロッパ中心的な点が致命的である。人類進化が起きたのは、北ヨーロッパの氷河の近くではなく、アフリカである。ヨーロッパにいたネアンデルタール人――現代人の祖先ではない――が、獲物がたくさんいた氷河時代に困窮していたと考える正当な理由もない。おまけに、かつての人類社会は父権が絶対で息子は去勢されて追放されていたというフロイトの考えを支持する証拠も見当たらない。そんなことをしていては、ダーウィン流の遺産継承もままならない）。

しかし、ばかげた考えとしてフロイトの説を退けるべきではない理由がある。それは、フロイトの説は当時の生物学理論と合致していたことである。その後、科学はフロイト理論と生物学的裏づけとの連結器をはずしてしまった。そしてたいていの論者は、生物学にそうした概念が内包していたことや、存在していたことすら知らない。そのせいで、フロイト理論は、現代の進化論的考え方から見ればじつにばかげた詭弁《きべん》としか映らないのだ。なるほど、フロイトの系統発生的空想は大胆な説であり、データを大幅に逸脱したとんでもない憶測であり、風変わりなだけでなく間違っている。しかしフロイトの憶測は、その論拠をなしている、かつては有力だった二つの生物学理論を知れば納得がいくはずなのだ。

その一つは、いうまでもなく、ここまでずっと話題にしてきた反復説そのものである。反復説は、フロイトの空想を支えるいちばんの根拠であるはずなのだ。なぜなら反復説を援用すれば、子どもの正常な特徴を人類の進化上の祖先の成体の繰り返しとして（あるいは、神経症を幼形段階への固定として）説明できるからだ。しかし、反復説だけでは十分ではない。成体の経験をその子孫の遺伝に変換する仕組みが必要である。従来のダーウィニズムではそのような仕組みは提供されなかった。フロイトも、自分の空想はそれとは別の遺伝の仕組みに従うものでなければならないことを心得ていた。

フロイトの空想は、たかだか数万年ほど前の祖先に影響をおよぼした出来事が現代人に遺伝するルートを必要としている。しかし、迫りくる氷河に対する不安、息子の去勢、父親殺しといった出来事では、遺伝的な影響などあるはずもない。そのような出来事がいかに大きなトラウマを残そうと、親の卵子や精子に影響をおよぼすはずもなく、メンデルの法則とダーウィンの原理の下で遺伝されることなどありえない。

そこでフロイトは、第二の生物学的連結器にしがみついた。獲得形質は遺伝するというラマルキズムの考えである。当時にあってもすでに人気を失ってはいたが、まだ一部の有力な生物学者のあいだで支持を得ていた考え方である。ラマルキズムに照らせば、フロイトの説が抱える理論的難問がすべて解消する。祖先の成体が何らかの重要で適応的な行動を発達させたとしよう。ラマルキズムが正しいとしたら、その行動は子孫へとただちに受け継がれる。そうだとしたら、一万年か二万年前に起きた重大な父親殺しが、現代の子どものエディプスコンプレックスとして刻印されていてもおかしくない。

私は、フロイトが自説の論理にきわめて忠実だった点を高く評価している。それに引き換えフェレンツィは、『タラッサ』においてシンボリズムと因果関係をごた混ぜにしたとんでもない代物をこしらえあげた（たとえば、哺乳類が進化させたばかりの適応である胎盤は、太古の海の系統進化的痕跡を封じ込められないことになる）。それに対してフロイトの理論は、後に否定された反復説とラマルク遺伝に立脚した生物学の確固たる論理に従っている。

フロイトは、自分の理論の正否はラマルク遺伝が正しいかどうかにかかっていることを心得ていた。『系統発生的空想』には、「遺伝的な気質は祖先が獲得した気質の名残であると主張できる」という一節がある。フロイトはまた、一九〇〇年にメンデルの法則が再発見されて以降、ラマルキズムの人気が凋落《ちょうらく》したことにも気づいていた。フロイトとフェレンツィは共同研究を進める中で、精神分析にはラマルキズムが欠かせないという主張を強めていった。二人はこのテーマで共著を執筆することにしていた。フロイトはその作業にのめり込み、一九一六年後半にはラマルクの著作を読みふけり、論文を書いて一九一七年のはじめにフェレンツィに送った（その論文は残念なことに出版されず、原稿も残っていない）。しかし共著執筆の計画は実現しなかった。第一次世界大戦により、研究と通信が困難の度を増したせいである。一九一八年、フェレンツィはフロイトを急かしたのだが、フロイトは「世界的ドラマの終わりに興味が行き過ぎていて仕事をする気になれない」と答え、それっきりになった。

非論理的であることはあやふやで怪しい（『タラッサ』は証明も否定もされえない。したがって単に忘れ去られるのみだった）。しかし論理的な論議ならば、前提の正当性に命をかけられる。ラマルキズムははっきりと否定されてしまった。フロイトの神経症に関する進化理論も、メンデルの法則によって失墜した。フロイト自身は、ラマルキズムの失墜について無念の思いを書き残している。『モーセと一神教』の中で、ラマルキズムが一般には否定されたことを認めつつも、自分にとっては必要な原理であると書いているのだ。

獲得された資質は子孫へと伝えられるという考えが生物学では否定されたことで、事態がなおいっそう難しくなったことはたしかである。そうとはいえ、私としては、この要因を考慮せずに生物学的発達の過程を思い描くことはできないと認めるしかない。

大半の論者は、フロイト理論の論理を把握してこなかった。その理由は、ラマルキズムと反復説がそこで果たしている役割を認識していなかったからである。そのせいで、フロイトに好意的な場合でも、たいていはジレンマに陥っている。反復説とラマルキズムという生物学との連結器がないとしたら、フロイトの空想は妄想にしか聞こえない。過去の出来事が現代人の子どもの資質に遺伝し、神経症者の執着行動に関与していると、フロイトは本気で考えていたのだろうか。そんな惑いから、フロイトの主張は単なる象徴的なものにすぎないという穏便な見方が定着してきた。追放された息子が実際に父親を殺し、エディプスコンプレックスは過去にあった実際の出来事の再現であると、フロイトが本気で思っていたはずはない。フロイトの発言は、神経症の心理学的意味を考える上での比喩的な表現として理解すべきだというのだ。ダニエル・ゴールマンは、『系統発生的空想』の草稿が発見されたことに関して、次のように報じている（一九八七年二月一〇日付の《ニューヨークタイムズ》紙）。

多くの研究者によれば、この草稿の中でフロイトは、自説を解説する際によく用いた文学的仕掛けに立ち戻っているようだ。それは、現実に即しているか否かは別として、その神話的内容が人間の基本的な葛藤と見なせるような物語を例に出すやり方である。

よく練られたフロイトの理論を神話や比喩に格下げしてしまうこのような〝親切〟な伝統は、

とてもではないがいただけない。それどころか、そのような伝統は親切でもなんでもないと思う。現代の考え方に照らしてフロイトの発言を正当化するやり方は、フロイトが実際に組み立てた緻密な論理とその一貫性を台無しにするものだからだ。フロイトの書いたものを読むかぎり、系統発生的空想は現実の出来事を説明した理論であると、フロイトが本気で考えていたことは間違いない。もしフロイトがそれは単なる比喩にすぎないと考えていたのだとしたら、ラマルキズムと反復説に立脚した生物学の理論との整合性をつけようと努力した理由がわからない。すでに人気をなくしていたラマルキズムをあれほど強く切望した理由もわからない。

もちろんフロイトは、その空想は推測であることを自覚していたものの、一字一句が現実である可能性があると考えていた。それどころか『トーテムとタブー』の最後では、このテーマを鋭く論じており、比喩としての発言であることをきっぱりと否定している。

強迫神経症は過剰な倫理の重みに耐えかねた結果であり、患者は自身を精神的現実から守ろうとしているだけで、精神的な衝撃をやり過ごそうとしているという言い方は正確ではない。ここでは歴史的現実も一枚かんでいるのだ。

最後の文章は、この点をきっぱりと繰り返している。ゲーテの『ファウスト』第一部で発せられる、『ヨハネの福音書』の冒頭(「はじめに言葉があった」)の有名なパロディ「はじめに行動があった」を引用しているのだ。

最後に、フロイトが、自説は現実的な物語であると考え、自らの議論がきわめて論理的であることを自覚していた点を説明するにあたり、私は、彼の推測には歴史的な記録や考古学的な記録に基づく実際の証拠がいっさいないことについて、フロイトを擁護するつもりはない。そのように推測だけで歴史を再構成するやり方は、歴史研究の評判を害するだけで、益はないと考えるからだ。そのような空理空論をとらえて、実験を旨とする「ハードサイエンス」の研究者たちは、歴史的事象を研究する「ソフトサイエンス」を科学の名に値しないと非難してきた。しかし、正しいやり方に従えば、歴史科学も物理学や化学に劣らない厳密さと細心さを発揮する。それと、現時点の生活では意味のない特徴が進化したことについて、今はない遠い昔の状況では意味のあった理由で進化したものだと説明したがる適応万能論の言説についても遺憾に思う。複雑でときにはランダムに移行する手ごわい自然界では、機能的に意味のない特徴だってたくさんあるのだ。統合失調症、パラノイア、鬱病を氷河時代以後に歪んでしまった適応と見なす必要はない。おそらくそれらの病気も、治癒可能な原因による、即時的な病理なのだ。

フロイトにしても、自説が憶測に富むものであることは自覚していたはずである。彼は自分の研究を系統発生的「空想」と呼び、結局は公表する考えを放棄した。それはおそらく、あまりに突飛で支持されない研究と考えていたからだろう。自らの草稿が憶測に富むことを意識して、「空論を前に批判を引っ込めたり、証明されていないことを提示していることがまれにあるとしてもがまんしてほしい。それが刺激となり、遠い過去の形式が見えてくるのだから」と読者に呼びかけている。フェレンツィには、科学の創造性は「大胆でおもしろい空想と、それに続く容赦のない現実的な批判」として定義されるべきだと書き送っている。もしかしたら、フロイトが系統発生的空想をあえて公表する前に容赦のない批判が下されたのかもしれない。

そういうわけで、逆説的でいささか気がかりな思いが残ることになる。フロイトの理論は、生物学の間違った説に立脚し、系統発生の歴史に関するデータにはまったく基づいていない、とんでもない空論ということになるからだ。しかし、問題の草稿は半世紀以上を経て出版され、詳しい分析がなされてきた。世の中には、それと同じくらい強引でありつつも興味深い上に論理の一貫した憶測を発展させている空想家が何百人もいる。しかしそういう連中は無視されたり、奇想天外な考えを笑われたりするだけだ。『系統発生的空想』からフロイトらしい筆のさえを取り払い、著者名を名無しの権兵衛に変えてみよう。そうすれば、誰にも相手にされない代物になることだろう。この世には特権というものがある。唯一偉大な思想家だけが出版の権利を勝ち取り、批判を浴びる特権に浴するのだ。

第四部　思想の古生物学におけるエッセイ

9章　ユダヤ人とユダヤ石

人の心は、抽象的な壮大さと理想的な完璧さをそなえた模範的な世界を夢想して歓ぶものだ。しかし、粗末ではあるにしろ手にとって弄《もてあそ》べるような堅固な実体に結実している偉大な思想の結晶や、人生を画する出来事からも、同等の歓びを引き出すことができる。ちょっとした記念品やお土産、形見の品といった思い出の品は、さまざまな人生行路のうちで自分だけがたどったユニークな軌跡の中の個別の瞬間を記録する印として愛しいのだ。

そういうわけなので私は、ある特定の個人の貴重な経験の思い出としてしか意味がなさそうな品を通販や店頭で衝動買いする人の気持ちがわからない。たとえば、私にとってのヒーローがサインした野球のボールは大切である。しかしそれは、私の人生にとって意味がある場合にかぎっての話である。ディマジオのサインボールだって、少年だった私が一九五〇年に父と野球を見に行ったときに父が捕球したファールボールに、私が熱烈なファンレターといっしょに送ったそのボールにファールを打ち上げた本人がサインをして送り返してくれたものだから大切なのだ。ハンク・アーロンのサインボールにしても、私がアトランタのスペルマン・カレッジで講演をしたときにプレゼントされたものだから貴重なのだ。そのとき私は、まるで神のサイン入りボールをもらったみたいに感激し、ただ一言、ありがとうとしか言えなかった。しかし、テッド・ウィリアムズやピート・ローズのサインボールでも、金さえ払えば誰でも買えるカタログ販売の品だとしたら、どんな価値があるというのか。

ある特定の種類のものとしてその存在はずっと知られていたし、なんとなくすごいことはわかっていたものでも、ある瞬間に実体のあるちょっとした品として目の前に現われたものに、私は特別な歓びを見出す人間である。壮大さが知れ渡っている存在を初めて見たときの感激を言っているのではない。タージマハール宮殿やパンテオン神殿を初めて目の当たりにしたときの感激はたしかにすごい。しかし、戦争中に海軍に従軍していた父の名誉除隊証明書を見つけたときの驚きは、父から戦争中の話をずっと聞かされていただけに感激ひとしおだった。あるいは、祖父が一九〇一年にエリス島に上陸したときに乗ってきた船の乗船名簿に祖父の名を見つけたときの感激のほうが、私にとってははるかに意味がある（1章参照）。

学者としての私にとって、この範疇でいちばん感激するのは、古書に記された尊敬する偉大な先人の自筆の書き込みとの予想外の出会いである。授業や教科書で学んだ科学の概念や逸話は、あくまでも知識として記憶されるのみで、実際に本物を見て確認する機会などめったにあるものではない。長らく興味津々だったものの、実物にお目にかかったことがなかったものを初めてまざまざと――私の祖母の言い方を借りるなら「黒々と《インシュヴァルツ》」――目の当たりにすることに、私は格別な衝撃を抱く。

本エッセイで語られる話題は、そういう、曖昧なイメージから目前の事実へという変換を経験したことに始まる。この話を最初にどこで聞いたかは覚えていない。おそらくは、私がアンティオック・カレッジの学生だったときに聞いた、著名な学者の特別講義か、ふつうの講義の際に語られた逸話としてだったと思う。それが中世科学史の研究者ならば誰もが知っている有名な例としてだったか、*一人の科学史家のオリジナルな洞察としてだったかも忘れてしまった。しかし、とにかくその話自体は鮮明に記憶している。なにしろそれは、現在は〝科学〟と呼ばれている説明体系がそなえていた（一七世紀の集成としては）革命的な性格を鮮やかに描き出している逸話なのだ。

＊　本エッセイを書くにあたり、何人かの科学史家に尋ねたところ、「剣膏薬」の話は、科学的説明の規範と限界を画するものとして、当時もそれ以後も科学史家の議論の的になったことを学んだ。

以前は尊重されていた説明様式なのに、因果関係と物質界のありように関する新しい観点が登場したことで、物笑いのたねとなり、〝神秘的〟な色彩を帯びてしまうということがある。ここで紹介する物語は、その典型ともいえる話である。「前科学的」な説明と科学的な説明のちがいを突き詰めると何だろう。私にとって忘れがたい出所不明のその講義によれば、それは剣などによる傷に対する、かつては人気のあった〝前科学的〟な治療に集約される。傷薬というものは、ふつうは傷口に塗布すべきものである。傷口こそ、その薬に謳われている効能を発揮すべき場所だからだ。とにかく、昔の薬剤師や本草家は、その効き目に関する説明の当否はともかく、経験的に有効なさまざまな治療法を発見していた。ところがここで紹介する軟膏の処方は、傷口だけでなく、その傷をつけた武器にも塗布せよというものなのだ。その理由も振るっている。治癒には共鳴的治療が必要で、傷つけられた側と傷つけた側双方の〝矯正〟、再調整が必要だというのだ。

件《くだん》の講義によれば、〝前科学的〟な説明と科学的な説明との革命的なちがいの要点は、この小宇宙にみごとに露呈している。たしかに、軟膏に含まれる何らかの成分が傷口に効いてそれを癒すということはあっただろう。しかし、かつては正しい治療法と信じられていた、傷をつけた剣にも塗るという処方のほうは、今ではもうまったくのナンセンス、まったくの迷信としてばかにされてしかるべきである。この逆転こそ、西洋世界における近代への移行として定義されるべきものだというのだ。

傷口だけではなくて剣も治療すべしというこの話は、講義で聞いた覚えがあるという曖昧な記憶しかないものの、かれこれ二〇年以上も私の脳裏にこびりついてきた。そんな中で、数カ月前のこと、ヨハン・シュレーダー著『医療化学薬種大全』（ウルムで一六四一年に出版された本の一六七七年版）というラテン語の本を購入した。これはおそらく一七世紀に最も頒布されていた薬種ハンドブックと思われる。そしてじつは、近代科学を醸成させたニュートン世代の最盛期に出版されたこの本に、傷口だけでなく傷をつけた剣にも塗布すべき軟膏の製法が載っているのを発見した。それは三〇三ページに、クロルの共鳴軟膏という名称で出ていた（クロルなる人物については後述）。

この調合薬の製法を聞けば、現代人は怒りだすかもしれない。シュレーダーによれば、老いたイノシシの脂肪とクマの脂肪を混ぜ合わせる。それを赤ワインで煮詰めてから冷水に注ぎ、表面に浮いた脂肪を集める。そして、ミミズを砕いた粉、イノシシ（おそらくは最初に脂肪を使ったのと同じ個体）の脳、ビャクダン少々、赤鉄鉱（鉄を含む石）、死体から採った塵などといったものを混ぜ合わせ、最後の仕上げとして、殺された男性の頭骨から削り取った屑を加える。

シュレーダーはそのレシピにいくつかのアレンジも許している。なかでも（現代人の感性にとって）最も歓迎すべきアレンジは、「死体の塵と頭骨屑を省く向きもある」という但し書きだろう。しかしそれとは別の注記もある。頭骨屑を入れる場合は月が満ちかけている期間（すなわち新月から満月に至る間）で、しかも占星術の相がよい時期、理想的なのは火星や土星ではなく金星が合《ごう》の位置にある（すなわち黄道十二宮の中にある）時期に採取すべしというものだ。

それに続く「使用法《ウスス》」の欄には、この軟膏は神経や動脈がひどく痛んでいなければあらゆる傷に効くとある。それと、「傷を負わせた武器にも塗布すべし」とした上で、近代科学の興隆によってまもなくお払い箱になる定めにあった、自然界と因果性に関する異様な説明の典型ともいえる印象的な議論が続いている。

シュレーダーの解説は、軟膏の正しい使用法に関する説明で終わっている。当該箇所をリネンで覆い、風にもあてず、かといって暑すぎず寒すぎずの状態に置けば、「患者には害がおよばない」らしい。それともう一つ、そうやって当該箇所にゴミがつかないようにしておかないと、「患者はひどく苦しむことになる」。問題は、ここでいう当該箇所とはいずれも武器のほうであって傷口ではないことだ。しかも処方リストの最後の二項目も、軟膏を塗布した武器のほうに関する注意書きのみである。すなわち、傷が剣の先によってつけられたものならば、軟膏は剣の柄のほうから剣先に向けて塗らなければならない。そして、武器が見つからない場合は、患者の血を塗った木の棒でも代用できるとある。

シュレーダーは最後のパラグラフで、そのような処置が功を奏する理由について唯一の言及をしている。治癒する理由は、患者にも傷口の血にも同じ鎮痛作用のある精が含まれているからで、それが軟膏によって増強されるからなのだという。想像するに、武器にも処置するのは、患者の血がまだ少しは付着しているからなのだろう（あるいは、患者の血を流させた武器を患者自身と共に清めることで、殺傷の当事者双方を調和の取れた状態に回復させねばならないからだけなのかもしれない）。

この軟膏の開発者であるオスヴァルト・クロル（一五六〇～一六〇九）は、ルネサンス期の医学の変革者パラケルスス（一四九三～一五四一）にならい、ガレノスの体液説に抗して、病気の原因は体外にあるという説を唱えた。この近代以前の医学における大論争において、体外原因論者は、病気は〝外部〟の力なり因子が人体に入ることで起こるのであり、三界（動物界、植物界、鉱物界）の癒し物質（主に植物界の薬草など）によって病気の原因となった侵入物を人体から取り除けると信じていた。それに対して体液説は、病気は人体の四つの基本的な精力のバランスが壊れることで起こるという立場だった。その四つの精力とは、血液（温かくて湿った体液）、粘液（冷たくて湿った体液）、黄胆汁（温かくて乾いた体液）、黒胆汁（冷たくて乾いた体液）の四つである。したがって治療は、外部から侵入した因子の除去ではなく、体内の体液間のバランスを取り戻すことを目指す（たとえば、血液の濃度が高すぎるならば瀉血《しゃけつ》を施すほか、発汗、下剤、吐《と》瀉《しゃ》なども使って体液のバランスを回復させることを目指す）。

それに対してパラケルスス流の医学では、治療は外部から侵入した病原の排除を目指し、バランスを崩した体液の濃度を上げたり下げたりすることによるバランスの回復を目指したりはしない。では、人体への侵入者を無毒化したり破壊する治療薬を植物界、鉱物界、動物界から見つけるにはどうすればよいか。『科学者伝記事典（*Dictionary of Scientific Biography*）』でパラケルススの項を執筆しているウォルター・ページェルは、近代科学が興隆する以前の時代になされていた議論を次のように要約している。

パラケルススは、病気は体液のバランスが崩れたことで起こるという考え方をひっくり返し、病気の原因は体外にあるという考えを強調した。……病気の主たる原因は鉱物界（特に塩）と天体に起源をもつ「毒物」を含む大気にあることを見つけた。パラケルススはそうした因子はいずれも実在すると考えていた（それに対して体液や気性は架空の存在と見なしていた）。そして、病気それ自体も実在しており、人体にとっては異物である特定の因子によるもので、それが体の一部に侵入することで起こると説明した。……治療については、病気の原因となっている因子に的を絞るよう指示した。かつての治療では主流だった、「過剰なものは除去し、不足しているものを増加させる」というやり方を否定したのだ。……パラケルススが導入した〝刻印〟という概念は、不調をきたしている臓器に色や形の似た薬草を選ぶというものだった（たとえば肝臓には黄色い薬草、睾丸にはラン）。そうした特定の薬物探しから、パラケルススは個々の物質の有効成分（四元素に続く第五の本質）を単離しようとした。

この刻印という教義は、近代科学と古い自然観（体液説もパラケルスス流医術も共有している が、病気の本質に関しては大きな相違点がある）との決定的なちがいを凝縮している。ルネサンス期とそれ以前の中世の学者たちの大半は、地球と宇宙の年齢は若くて、神が創造した静的で調和に満ちたシステムであると考えていた。つまるところ、わずか数千年前に現在の形状で創造されたもので、一見ばらばらに見えるが、そこには秩序と調和の印が浸透させられている。それもこれも、全能の神の栄光と精緻さを示さんがためであり、自分の姿に似せて創造した人間という種に特に目をかけていることを強調せんがためであると考えていたのだ。

この本質的なバランスと調和が、一見するとかけ離れているように見える領域間の深い（現代ではせいぜいのところ乱暴なアナロジーとしか見なされないような）結びつきを如実に表わす重要な表現を達成した。地球上のある一つのレベル、つまり刻印という教義の下で医術の中心原理を設定するレベルでは、人体というミクロコスモス（小宇宙）が全地球というマクロコスモス（大宇宙）と結びつかねばならないのだ。そういうわけで、人体の各部位は、マクロコスモスの個々の領域における枢要な種類に対応する具現物、すなわち鉱物、植物、動物と関連づけられる。このような自然観は現代の自然観とはおよそかけ離れている。しかしこの体系下では、人体の弱った部位はマクロコスモスの領域でそれと対応する刻印によって癒され強化される（たとえば男性性器を連想させる形状をしているためそのような学名を付けられたランの花は性的不能に効く）という考え方は、あながちばかげた考えではない。オスヴァルト・クロルなどは特に、人体のミクロコスモスと地球のマクロコスモスとの関連づけに立脚した医術を信奉していたのだ。シユレーダーの『医療化学薬種大全』は、とっくに廃棄されたこの理論の「最後のあがき」にあたっていた。なにしろそれは、ニュートン世代が現代のもっと実効的な自然観の確立に着手し始めたときに出版された代物なのだ。

第二のレベルでは、（コペルニクス以前の宇宙では）中心をなす地球は天空とも調和を維持していなければならない。したがって地上における個々の治療は、惑星が十二宮を移動する際の正しい位置と対応するものでなければならない。天体の位置関係が、人間の治療に用いる動植物（それと鉱物）をいつ採取し、どのように用いるかを決めていた。そうしたことから、傷口と剣に用いるクロルの軟膏に調合する頭骨の削り屑を採取するタイミングは、戦い好きの火星や土星ではなく、愛の惑星である金星が合の位置にある時期でなければならなかったのだ。

自然界の領域の刻印と調和という教義に基づく治療方針では顕著な例がある。ここに載せた図版は、この古き学問の伝統が近代科学によって葬り去られる直前にまとめられた最後の重要な著作から採ったものである。すなわち、この世代としてはおそらく最高の博識家だった万能学者アタナシウス・キルヒャーが一六六四年に出版した『地下世界』である（キルヒャーは、中国の民俗誌を著わし、古代エジプトの聖刻文字の解読に誰よりも肉薄したほか、音楽と磁石に関する重要な論考をまとめ、おびただしい博物学のコレクションをあつめた博物館をローマに創設した）。「マクロコスモスと共鳴するミクロコスモスのタイプ」という表題（まさにクロル流）を付された問題の図版は、人体の各部から引き出された線が円環をなし、それぞれの器官の病変を癒す植物の名前（いちばん外側の円内）と対応させられている。このアナロジーと調和を完結させるために、内側の円（頭と足に接している）には十二宮の印が並ぶと同時に、横腹か腕の下に翼のよ

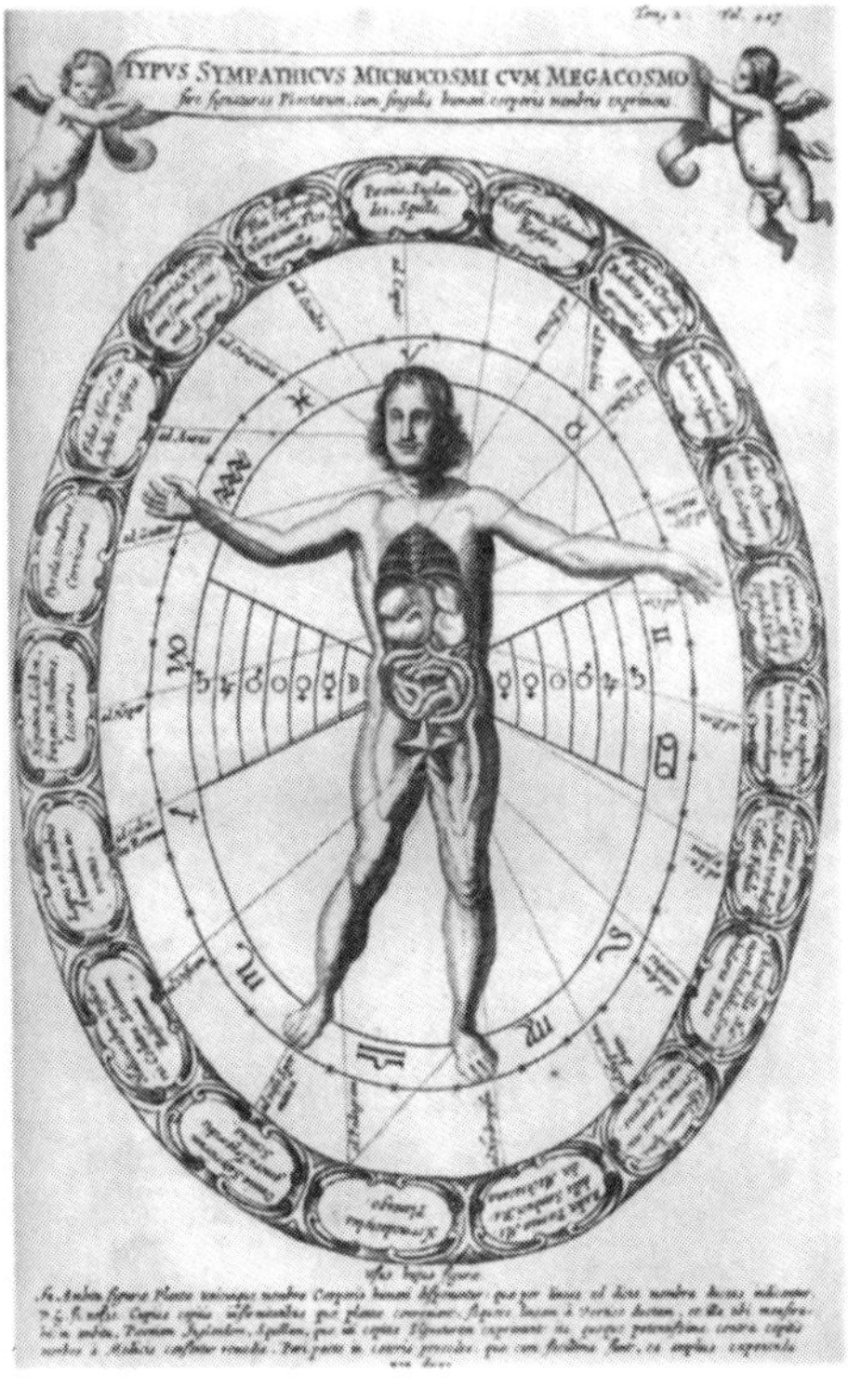

アタナシウス・キルヒャーが1664年に描いた図版、刻印の原理という教義に基づく医学。病気になった人体の各部がその病変を癒す植物、星座、惑星と対応づけられる。詳細は本文を参照

うに広がっている三角形にも似たような惑星の印が付けられている。

今ならばこのような体系は、物質世界の本質に関する誤った見解に基づくいかがわしい説としてただちに否定される。弱った体や病気を治療するための処方にはもっと正確な説明と効果的な処置をとるのが現代科学のやり方だ、ということについては異論がない。男性の性的不能にはつぶしたランの花よりもバイアグラのほうが効くはずである（ただし、ランの花も場合によっては偽薬効果を発揮して間接的に精力をみなぎらせることがあったかもしれない）。あるいは、ベーグルを切っているときにナイフで指を切ってしまい、しかも化膿《かのう》したとしたら、イノシシの脂肪と頭骨のかけらから作った軟膏を傷口とナイフの両方に塗るなんてことをする人がいるだろうか。私は迷うことなく抗生物質を選ぶ。

それでも私は、そうした昔の治療法をばかばかしいとか迷信だとか（単に時代的な意味で）〝前近代科学的〟だと言って簡単に片づける気にはならない。たしかに、傷口だけでなく剣のほうにも軟膏を塗ることにはいかなる意味もないし、後世の科学知識に照らせば〝原始的〟な迷信にしか聞こえない。しかし、後世の人間が発見するはずのことを知らなかったからといって先人たちを責めてよいものだろうか。その伝でいくなら、孫たちの世界の理解のしかたは間違いなく今とは異なるはずだから、現代に生きる私たちは自分たちのことをばかにしなければならないことになる。

クロルの共鳴治療軟膏と、それを傷口と剣の両方に塗るという処方に意味はないということは言える。しかし、クロルの治療薬を、それを開発させる元になった、刻印の原理や自然界の領域間の調和理論といった自然観に照らして迷信的だとかばかげているという決めつけ方はできない。知の考古学を解き明かすには、過去の信念体系を貴重な知の〝化石〟、人間の過去に関する洞察を提供し、現在はそのほんの一部しか具現化していない理論づけの全貌に迫る手立てを与えてくれる体系として遇すべきである。それを、後の発見によって御用済みになったからという理由でばかにしたり、後の発見によって明かされた因果関係に照らして迷信的だと切って捨てるとしたらどうなるか。そんなことをすれば、クロルが剣と傷口との間に求め、キルヒャーが人体の器官と薬草との間に提案したのと同じ共感をもって、現代につながる先人の考え方を理解することができなくなってしまうだろう。

ちなみにこの点に関して言えば、たとえばパラケルススなる人物は、卑金属を金に変え、薬品からホムンクルス（小人）を創造する方法を探究した人物であり、近代医学の祖というイメージには変更が迫られることになる。パラケルススは、いうなれば〝奇人〟だった。何かに急かされるように活動し、激怒してわめき散らしたり、とてつもなく反抗的だったり、田舎の農夫と激論を交わして酔いつぶしたりといったイメージを覆すつもりはない。しかし医師としてのパラケルススは、最小限の治療と効きそうな薬をほんの少量だけ処方するという細心の手法（幸いなことにガレノス流の大量吐瀉、大量瀉血とは対照的）、それと体液のバランス調整という治療よりもたいていは効果的な治療法につながる一般的処置によって名声を勝ち取った（それと金銭的な成功も）。パラケルススという名前は後の自称であって、本名はフィリップス・アウレオルス・テオフラストゥス・ボンバストゥス・フォン・ホーエンハイムだった。しかし古代ギリシア・ローマ風を気取ったその名前は、言われているほど古風でも迷信的なものでもなかった。もしかしたら彼は単に、ローマ時代の偉大な医師ケルススを超えたと吹聴したかっただけなのかもしれない。しかし私としては、多くの研究者もそう言っているように、パラケルススという名前はホーエンハイムという本名をラテン語化したにすぎないのではないかとも疑っている。ホーエンハイムはドイツ語で「高地」という意味であり、「ケルスス」はラテン語で「そびえ立つ」という意味なのだ。中世やルネサンス期の知識人の多くは、本名をラテン語風に変えていた。たとえば、一六世紀最高の地質学者ゲオルク・バウアー（ドイツ語では「農夫のジョージ」という意味）は、ラテン語で同じ意味となるゲオルギウス・アグリコラと改名した。あるいはルターの盟友だったフィリップ・シュワルツェルト（ドイツ語で「黒い土」）はギリシア語化を選択し、同じ意味のメランヒトンと改名した。

それはともかく、昔の体系への共感的な研究も大切だという研究者の訴えに留意しつつも、科学の進展によってもたらされた自然理解の増大と向上も歓迎すべきである。ただし、こうした過去の遺物の体系は、いかに啓示的で魅惑的であろうと、実りのない間違った方向への誘導と解釈により、よりよい解決（それと実際的な病気の治療）を妨げたという事実は押さえておく必要がある。

私は、シュレーダーの『医療化学薬種大全』のページを繰り、私の専門分野である生物化石に関してどのような記述がなされているか調べてみた。人体の病んだ部位を癒すための刻印を帯びた治療薬は植物界と動物界でたくさん見つかるが、鉱物界の化石も薬のリストの中で重要な役割を演じている。シュレーダーが取り上げている鉱物薬と、人間の病気に対する治癒効果がありそうな形状に作られた石の治療薬としては、以下のようなものがある。名称はいずれも一八世紀末の時点で化石研究者が用いていたものである。

一、**アエタイト（妊娠石）**　ワシの巣で見つかる石で、「出産を助ける」効能があるとされる。

二、**ケラウニア（雷石）**　乳房や膝をさすると母乳や血の流れをよくする。

三、**グロッソペトラ（舌石）**　動物に負わされた怪我、咬《か》み傷の解毒効果。

四、**ヘマタイト（血石）**　止血効果があり、「冷やし、乾かし、収縮させ、凝固させる」

五、**ラピス・リンキス（山猫石）**　ベレムナイト（矢石）で、腎臓結石の除去と、おそらくは悪夢や魔法に効く。多くの学者は、三角錐状のすべすべした化石を山猫の尿が凝固したものと考えていたが、シュレーダーはそれは昔からの伝説にすぎないと考えたものの、それに代わる解釈は与えていない。

六、**オスティオコーラ（骨石）**　人骨に似ていることから、骨折の治療に効く。

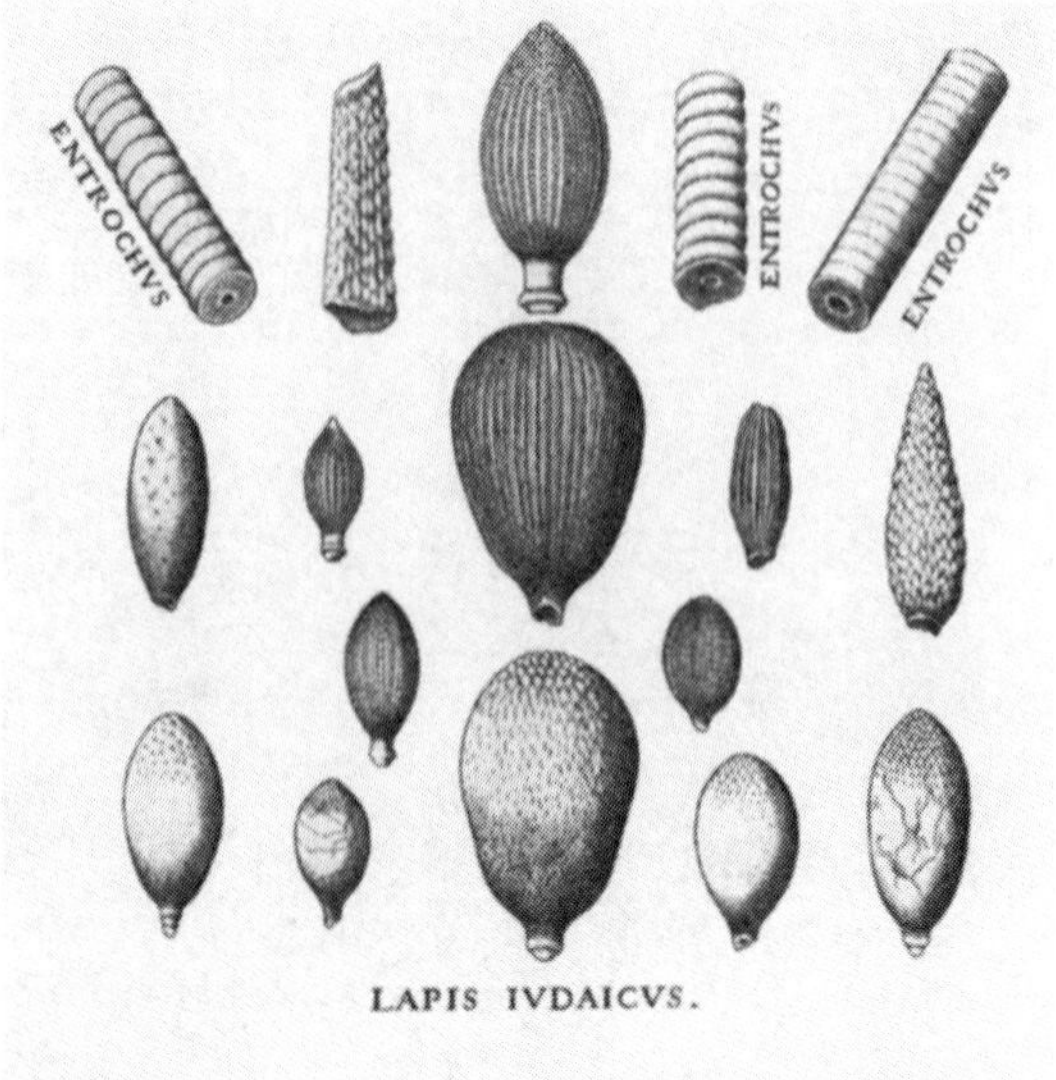

16世紀半ばのメルカティによる「ユダヤ石」の版画。これはウニのとげの化石だが、尿道結石や腎臓結石に効く石の治療薬と見なされていた

人体の器官や病巣に似ていることからそれに対する治癒力があるとされた石のなかで、最もその効力が大きいとシュレーダーが考えていたのがラピス・ユダイクス、すなわち〝ユダヤ石〟だった（この場合の名前の由来は形状ではなく、パレスチナ付近でたくさん見つかることによる）。添えられている図版は、初期の古生物学のものとしてはきわめて美しい化石の銅版画である（一六世紀半ばのバチカン宝物館のキュレーターだったミケル・メルカティが制作したものだが、一七一七年まで出版されなかった）。ところがその図版には、本物のユダヤ石（下の二段と最上段中央の石）に混ざって、ウミユリの茎の化石も描かれ（最上段）、エントロクスすなわち「車輪石」と書き

込まれている（この円柱状の茎には、車軸に見立てられた穴まであいている）。

シュレーダーの世界では、ユダヤ石は、人間の病気のなかでも特に恐れられ苦痛を伴う病気に効く鉱物薬だった。腎臓結石その他、器官や管中に形成される硬いものに効くとされていたのだ。シュレーダーによれば、ユダヤ石には雄と雌があるという。人間というミクロコスモスと地球というマクロコスモスとの完全なアナロジーを保証するために、すべての界に性別が存在するというのだ。雄よりも小型であるユダヤ石の雌は尿道結石に処方し、雄は腎臓結石の除去に処方されるべしとされていた。刻印の原理によれば、ユダヤ石の粉末が腎臓結石に効く理由は少なくとも二つある。一つは、その形状が結石に似ているため、その粉末には結石を粉微塵《みじん》にする作用がありうる。もう一つの理由は、ユダヤ石の表面にはたくさんの溝が平行に走っていることから、それが粉々になった結石が体外に流れ出るのを助けるはずだというものである。

自然界に対するこれほど異なる理論ではあるが、そこに通底する一貫性に目を向けると、思考のおよぶ範囲とその様式に関して、貴重な洞察が得られる。そこで本来ならば、「ああそう、まあそれはそれでいいんじゃない」ということで、どんなに異なる見解であっても現実世界の興味深い側面を写し取っていて、とりたてて害がないならといってすませてしまってもいいはずである。しかし、理論のあまりの奇矯さに目が奪われるせいで、そうした当世流行の相対主義ではすませられない。人間の認識とは関係なく、ほんとうの原因によって統《す》べられている現実の世界が「現に存在」しているのだ（ただし、そうした外的世界に関しては、感覚と心的作用を通して迫るしかない)。刻印の原理に取って代わった近代科学の体系は、誤りと尊大な姿勢をしょっちゅう繰り返しつつも(しょせんは人間のやることなのだ)、複雑な世界に対する正確な認識を増やしつづけてきた。現実世界の現象に関する真理とその原因も一般にはうまく説明されており、間違った理論は、うまくいかないせいで害をもたらす。ヘビの毒に対しては、ヘビの舌に似た石(先のリスト中のグロッソペトラ)を粉にして飲んだところで無毒化はされない。刻印の原理は一般に正しくないからである。しかもグロッソペトラ(舌石)は、サメの歯の化石にすぎない。誤った理論が指示する無効な治療法に従っているかぎり、ほんとうに効く治療法を見つけることはできない。

化石に関するシュレーダーの珍妙な一七世紀流解釈は、当時はまだ、後に判明する正しい事実を知らなかったせいだけというわけでもない。誤った理論がもっと実りある探求と有効な観察を妨げたせいで、正しい解釈を導く道が絶たれた可能性もある。シュレーダーは、化石は鉱物であり、形状から察して病んだ器官に対する治癒効果がありそうな場合だけ人間と関係するという理論を信奉していた。そのせいで、化石とは地中に埋め込まれて石化した古代生物の体なのではないかという洞察には思い至らなかったのだ。シュレーダー理論のうちでも少なくとも二つの支配的な結論が、近代古生物学にとって不可欠な理解の確立を妨げた。

まず、刻印説の前では、化石は古代生物の遺骸であるという統一概念など許されなかった。正体の特定がされえず、命名すらされえない真実を概念化することなど到底無理なのだ。シュレーダーの分類では、化石は「岩の中にあるが、他の領域の物体と似たもの」という大きなカテゴリーに属しており、個々の区別はなかった。そうした「もの」のなかには生物もあった。たとえば、グロッソペトラはサメの歯だし、ラピス・リンキスは頭足類の絶滅したグループの体内にあった殻だし、オスティオコーラは脊椎動物の骨だったし、ユダヤ石はウニのとげだった。しかし、シュレーダーが同じ範疇に入れていたほかの「物」は、生物由来ではなかった。アエタイトは晶洞《ジオード》（無生物的に形成された球形をした層状鉱物）であり、ケラウニアは古代人類（わずか数千年の歴史しか許されていなかったシュレーダーの地球では存在しようがなかった）が製作した石器であり、ヘマタイトは鉄分を含む赤い鉱物だった。

それともう一つ、化石とは本当のところ何なのかということは問題とすることなしに、その特徴的な形状を人体というミクロコスモス内のよく似た形状と対応させるために組み立てられた理論の下で、化石とはじつは古代生物の遺骸なのだなどと想像できるだろうか。アエタイト（妊娠石）は卵の中の卵に似ているのだから人の出産に効く、ケラウニア（雷石）は空から落ちてきたものなのだから母乳の出に効く、グロッソペトラ（舌石）はヘビの舌に似ているのだからヘビの咬症に効く、赤い色をしたヘマタイト（血石）は止血に効く、オスティオコーラ（骨石）は骨に似ているのだから骨折に効く、ユダヤ石は結石に似ているが石を体外に流す溝もそなえているのだから腎臓結石に効く。そんな治療法が信じられていた中で、そうした雑多な鉱物の集合を人体の器官の相似物という一貫したカテゴリーにしか分けられない以上、本物の化石を見分けて区別することなど、はたしてできるだろうか。

　人間が考え出したそのような古代の体系は、不思議と魅力的であると同時にとても一貫した概念体系であり、私はその点に関してアンビバレントな感情を抱かずにいられない。しかしそれと同時に、根本的なところで間違っているそのような見方は、自然界をもっと正しく、もっと高尚に理解する上での妨げとなった。そういうわけで私は、シュレーダーが本の扉に記したフランクフルト市民への献辞を読みながら、このアンビバレントな感情に思いをめぐらせることになった。ちょっとのことでは動じないニューヨークっ子の目が、ある箇所に釘づけになったのだ。それは、抽象的な意味だとは理解しつつも、私を仰天させると同時に、私が抱いたアンビバレントな感情を（必ずしも完全にではないが）明確にさせた。

　シュレーダーの前書きは、人間というミクロコスモスと外界というマクロコスモスとの一致と刻印という支配的な原理に深く根ざしつつも、医学と医師に関するしごく妥当な擁護から始まっている。三位一体の神は創造、安定、更新という三つの原理を体現していると、シュレーダーは主張する。この三位一体に相当する人間の相似物は、人口を満たすための生殖、安定を保証するためのよき政府、そうしたシステムが弱ったり病んだり侵されたりしたときの回復であると理解されるべきである。世界とフランクフルト市は、最後の二つの機能を確保するためによき医師を必要としている。医療こそが、人を良好に保ち、つまずいたときの治療を提供してくれるからだ。

　ここまではいい。私は現実主義者であり、人間の存在（それと利益）をより高等な順位の中に位置づけることで正当化したがる先人たちの悪い癖には苦笑してすますことができる。ところがシュレーダーは、それに続けて、安定性を脅かし堕落——名医が戦うべき二つの病い——を導く「悪魔の力」なるものに関する長考を開始している。それでもまだ、シュレーダーが最悪の言説を吐くまではよかった。彼は、この悪魔の合唱を主導するのはユダヤ人だと書いているのだ。そしてことのほか醜悪な文章が二つ続いている。ユダヤ人が異邦人に対してしでかした卑劣な行為を教えようというのだ（「異邦人」はヘブライ語でgoyimと書くが、ヘブライ語を知っていたシュレーダーは、ラテン語にはないyの文字に替えてjを用い、gojimと記している）。

ラテン語で書かれたシュレーダーの文章をそのまま翻訳して紹介しよう。「ユダヤ人は、秘教の定めるところにより、異邦人すなわちキリスト教徒を殺しても罰も咎《とが》めも受けず、良心の呵責《かしやく》も感じない許しを授かっている」。しかし善人にとって幸いなことに、とシュレーダーは続けている。そうした邪悪なユダヤ人は、「自然が刻んだ印」である堕落した相貌によって識別できる。醜い容貌、饒舌、二枚舌などがそうした刻印である。

これで私は、このような反ユダヤ主義は少なくとも二〇〇〇年近くにもわたるヨーロッパ史のほぼすべてに蔓延していたことを思い知らされた。それと、そのような政治的、倫理的な悪は、自然に関する見方が変わるたびにもっともらしく正当化されてきたことも思い知らされた。新たな理論が登場しても、深く根づいたこの偏見はそのたびに正当化されてきたのだ。そしてこれだけは言わずにいられない。反ユダヤ主義の名の下に最も効率的かつ残虐になされた大量殺人であるホロコーストは、ミクロコスモスとマクロコスモスとの調和という古い原理ではなく、人種の進化に関する現代理論を徹底的に誤読することで、〝自然な行為〟というまやかしの正当化を行なったのだ。

ともかく、刻印という、間違ってはいるが魅力的な原理に対する私の控えめな評価は、この自然観に内在する反ユダヤ主義の醜悪な擁護を図らずも読まされたことで瓦解した。理論が正確さを増すことで、われわれは自由を手にできるが、これには皮肉なしっぺ返しもある。科学の進歩がもたらすテクノロジーを悪用することで、悪人はなおいっそう大きな破壊力を世界に対して持ちうるようになるのだ。

知識の進展は、それに相当する倫理と思いやりの増大を保証するものではない。しかし、そのような知識を育むことなしに（病気の治療や人間は生物学的に見ても平等だという事実を教える（しかし際の）善行を最大限広めることはかなわない。つまり、ユダヤ石はじつはウニのとげである（したがって腎臓結石には効かない）という解釈への修正は、ユダヤ人にかぎらずあらゆる人種グループは、皮膚の色や文化などの面で表面的なちがいはあっても、人間としてまったく同等の資質を共有しているという知識の増大と相関しうるものなのだ。それでも、増大する知識が最大限に善用する方向に向けられるとはかぎらないし、それどころか悪用されて害をなさないともかぎらない。要は、倫理的な指針を強化し、かつてはその破壊力を緩和するためにクロルの軟膏が塗られていた剣先のすべてを鋤《すき》の刃先に打ち直してしまう心がけが必要なのだ。新しいテクノロジーの使い方さえ間違えなければいい。正しい知識を正しい倫理観に根ざして用いれば、平和と繁栄の実現を加速させられるはずなのだ。

10章　化石が若かった頃

エイブラハム・リンカーンが一八六一年に行なった最初の大統領就任演説は、後世の平時の大統領にはとてもまねできないほど感情のこもった強い調子の演説だった。「この国は、その制度も含めて、国民のものです。国民が現行の政府に対する不満をつのらせたなら、政府の誤りを正すための憲法上の権利を行使することもできますし、国家を分裂させるなり転覆させるための変革の権利を行使することもできます」と述べたのだ。この壮大な（しかも正しい）観念に比べれば、人生をほんのちょっぴりだけ改善させるだけの些細な改革など、笑ってしまうほどつまらないことのように思えるかもしれない。しかし、そうした修正が積み重なることで生活の苦労が軽減されたり、リンカーンの言う荒療治に向かう動きに先んじられる力を、私は軽視するつもりはない。そういうわけで私は、それぞれの限界は認めつつも、ニューヨークの地下鉄へのきちんと働く空調設備の導入、ベーカリーでのクロワッサンやスーパーでのゴートチーズの販売（チェダーチーズやプロセスチーズでよくもやってこれたものだ）、オペラでの字幕の導入などを、決して皮肉ではなく、賞賛する。

そうした些細ではあるが明瞭な改善と呼べるものとしては、最初は革新だった、今やすっかり全米の空港の発着案内ボード上に普及した小さな変化もその一つとして数え上げたい。その改革以前の出発案内ボードは、時間順だった。一〇時一五分発のシカゴ行きの前には一〇時一〇分発のアトランタ行きが、同時刻発の別の二〇便といっしょに並び、それらのちょっと上には、一〇時五分発のシカゴ行きが、やはり同時刻発の別の便に混ざって並んでいるという状態だった。まことにけっこうなことだ。ただし、自分の便の正確な出発時刻を知っていて、しかも同時刻発のたくさんの便の中からお目当ての便を捜す手間を厭わないならばの話である。だが、シカゴとアトランタのちがいは、数分の差で仕分けられているたくさんの便群のちがい――これとて時刻どおりに出発しないことは衆知のとおり――どころではないことは、たいていの人ならばわかる。

何年か前のこと、何十年も前の旅行者たちにも起こってよかったはずのひらめきに襲われた人たちがいた。出発予定時刻ではなく、目的地別に便名を並べたほうがいい――そして同じ目的地ごとには時刻順に並べる――のではないかという思いつきである。そうすれば、シカゴ行きの飛行機を見つけるにはABC順のリストを捜すだけですむ。このほうが、時刻別よりもずっと楽である。かくして全米の空港では、出発時刻順ではなく、目的地別リストが普及した。この移行は、空港内、空港間において徐々にではあるが進み、結局はわずか数年で完了した。そして人生は少しではあるが便利になった。この些細ではあるがみごとな改良の発案者は、人生のちょっとした苦労を軽減したことを讃え、「山鳩の声」メダルを授与されるべきである（こんなによいものがあるから「立ち上がって出ておいで」と詠われているものの全リストは、旧約聖書の『雅歌』を参照）。

長らく続いた不便で時代遅れのシステムががらりと変更され、より便利なシステムへと急速に移行するという文化の変化が起きるにあたっては、二つの重要な特徴が関与しているのではないかと思う。一つは、時代遅れになるというのは、単なる偶然ではなく、その時点でのそれなりの理由があるということ。政治でも理念でも、それが踏襲されている理由としては、昔はそれで問題なかったという記憶が残存しているせいなのだろう（出発時刻順に並べるやり方は、昔の鉄道や乗合馬車では合理的だったからなのではないか。列車や馬車は、同じ線路なり道路を走っていくしかなかった時代のことである。「南行きの馬車ですね。一〇時半、三時、五時一五分がありますが、どれにします？」といったぐあい）。

長らくずっとうまく機能していた古いやり方は、変化が徐々に進んでいってついには世の中ががらりと変わってしまうまでは、それに替わるよいものがないという理由で存続する。ところが、目先の利く人が登場し、「金も手間もかけることなく、もっとうまくやれますよ」と言った時点で、ついに変更を迫られるのだ。ここで、変更の手軽さ、明白な改良点が、それ以前は人間の歩みののろさという厚い壁を打ち破るブレークスルーと思われていたほどの急速な変化という第二

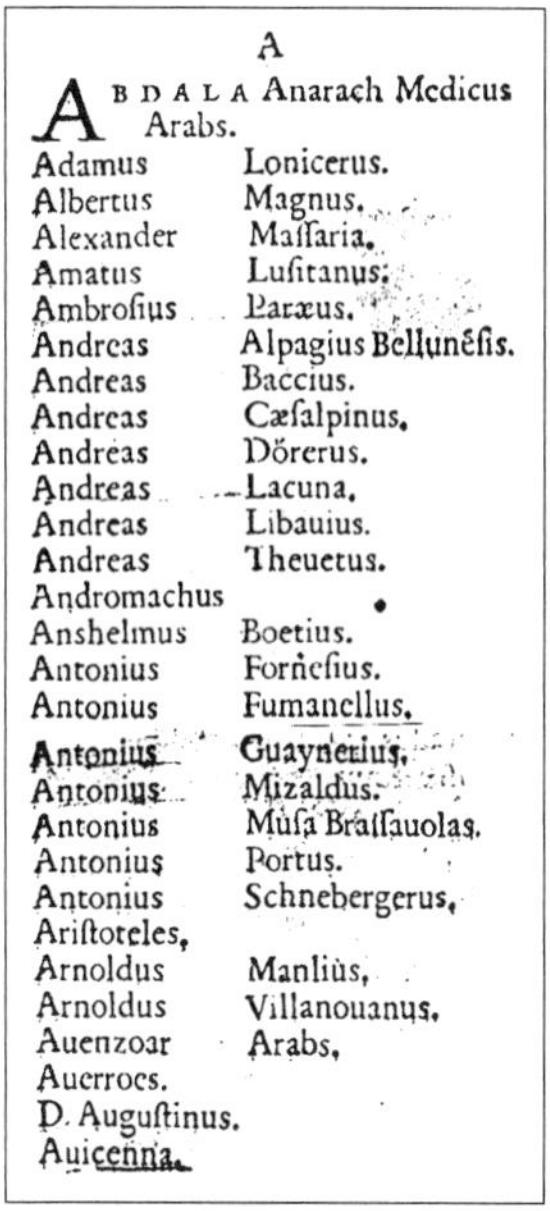
A
ABDALA Anarach Medicus Arabs.
Adamus Lonicerus.
Albertus Magnus.
Alexander Maſſaria.
Amatus Luſitanus.
Ambroſius Paræus.
Andreas Alpagius Bellunẽſis.
Andreas Baccius.
Andreas Cæſalpinus.
Andreas Dőrerus.
Andreas Lacuna.
Andreas Libauius.
Andreas Theuetus.
Andromachus
Anshelmus Boetius.
Antonius Forneſius.
Antonius Fumanellus.
Antonius Guaynerius.
Antonius Mizaldus.
Antonius Muſa Braſſauolas.
Antonius Portus.
Antonius Schnebergerus.
Ariſtoteles.
Arnoldus Manlius.
Arnoldus Villanouanus.
Auenzoar Arabs.
Auerroes.
D. Auguſtinus.
Auicenna.

カスパール・ボーアンの1613年の本の参照著者一覧は、ＡＢＣ順とはいっても、ファーストネームのＡＢＣ順で仕分けられている

の特徴をもたらす。そのような急速な移行を生物学のアナロジーで表現するとしたら、進化よりは感染症にたとえたほうがよいだろう。

こんなことを言い出した理由は、たまたま古い本を拾い読みしていて、よく似た例を見つけたことにある（文献の拾い読みというのは、原典ではなく電子媒体全盛の時代を迎えるにあたっても保持すべき有用な楽しみである）。それは、近代古生物学が産声を上げた一五四六年の時点では理にかなっていたものの、出発時刻で分けられた列の中から目当ての便を捜すのとよく似た困難を抱えた時代を経て、ついに一六五〇年に改正されて今

に至っている方式である。早い話、参照著者一覧の配列順序という問題である。むろんＡＢＣ順にすべきなのだが（この方式はすでに長い伝統を誇っていた）、一人につき複数の名前がふつうになってしまったらどうしたらよいだろう。

最初に私の関心を引き、これはなんとしたことだと思わせた例を紹介しよう。それは、カスパール・ボーアンが一六一三年に胃石について著わした本の参照著者一覧である。ちなみにスイス人であるカスパール（一五六〇〜一六二四）とジャン（一五四一〜一六一三）のボーアン兄弟は、当時にあっては最高ランクの植物学者であり自然史学者だった。胃石というのは、ヒツジやヤギといった大型草食動物の胃、胆嚢、腎臓などから見つかる石のことである。ボーアン兄弟が活躍した時代、胃石には医学的効用と秘伝的な癒しの効果があると信じられていた。

五〇年代に放映されていたテレビ番組のなかの私のお気に入りの一つは、人気コメディ『ハネムーナーズ』というドラマだった。そのエピソードの一つで、準主役のエド・ノートン（俳優はアート・カーニー）は、下水道担当から文書係に昇進する。しかしそこで、逐語的な文書整理法を採用したことで初っ端からトラブルに巻き込まれる。「ザ・スミス案件（the Smith affair）」をTのファイルに分類してしまったのだ。

それでもボーアンが順守した、参照著者一覧の著者名をファーストネームのＡＢＣ順で仕分けるという方法は、まだ少しは使えたかもしれない。古代の著者については、これでうまくいくからだ。たとえばＡで始まる著者としては、アリストテレス、一一世紀、一二世紀の偉大なイスラ

Ioannes	Agricola.
Ioan. Antonius	Sarracenus.
Ioan.	Arculanus.
Io. Baptiſta	Montanus.
Ioan. Baptiſt.	Syluaticus.
Ioan.	Bauhinus.
Ioan.	Bodinus.
Ioan.	Caluinus.
Ioan.	Collerus.
Ioan.	Coſtæus.
Ioan.	Crato.
Ioan.	Fernelius.
Ioan.	Fragoſus.
Ioan. Georgius	Agricola.
Ioan Georgius	Schenckius.
Ioan.	Gorræus.
Ioan.	Guinterus Andernacus.
Ioan.	Heurnius.
Ioan.	Hugo à Linſcotten.
Ioan.	Kentmannus.
Ioan.	Langius.
Ioan.	Manardus.
Ioan.	Matthæus.
Ioan.	Meſues.
Ioan.	Porta.
Ioan.	Renodæus.
Ioan.	Schenckius.
Ioan.	Weckerus.
Ioan.	Wittichius.

カスパール・ボーアンの1613年の本の参照著者一覧は、ファーストネームのＡＢＣ順で仕分けられているが、姓で記憶している著者をどう捜したらいいのだろうか。とりわけ、多くの人がありふれた名前ジョンをもっているのだから（このリスト全部がそうだ）

ム自然哲学者アヴィセンナ、アヴエロエス、トマス・アクイナスの師だった大アルベルト（アルベルトゥス・マグヌス）など、名前が一つしかない場合はまったく問題がない（マグヌスは敬称であり、ラストネームではない。ただし、講義のレポートで、ミスター・マグヌスと書いた学生もいた）。

しかし私は、ボーアンと同時代（ヨーロッパではすでにファーストネームとセカンドネームの二名制が定着していた時代）に活躍したお気に入り二人の名を見つけるために、アンドレアスの長いリストを捜したいとは思わない。その二人とは、化学者のアンドレアス

・リバヴィウスと解剖学者兼地質学者のアンドレアス・カエサルピヌスである。昔も今もごくごくありふれた名前であるジョンの長いリストに遭遇した場合、この方式の効率は著しく低下する。家系を尊重したいとしたら、カスパール・ボーアン自身の兄ジャンのファーストネームの語源であるヨハンも英語読みすればジョンであることを思い出すべきだろう。さらに困るのは、一六世紀後半の碩学《せきがく》ジアムバチスタ・デラ・ポルタの名を見つけるにはどうすればいいかだ。まずはどれがファーストネームかを知らなければならないわけだが、そのためにはジアムバチスタというのはイタリア語で「バプテストのジョン」という意味であることを思い出し、ラテン語のリストではイオアヌスか、ただのジョン（ヨハネ）として登場するはずだということに思い至らねばならない。

ともかく、ファーストネームによるリストアップは考え方としてもばかげているだけでなく、実際問題として使えないのである。なぜなら、ヨーロッパ人のファーストネームは少数の名が大多数を占めているのに対し、それ以上に多様な姓（ラストネーム）に関しては、書誌学者が尊重するレッテルだったはずなのだ。おもしろい現代の類似物として、ラテン系の国では姓の種類はきわめてまれだったりする。そのため、ヘルナンデスとかグスマンといったありふれた名前の保持者は、たいてい、父方の姓を書いた後に母方の姓をつけている。たとえばゴンサレスyラモンといったぐあいなのだが、これは両親の家系双方に配慮した結果というよりは、識別上の便宜のためなのである。

決してベストとは言えないこのようなやり方が一六一三年の時点でなぜ採用されたのか、これは謎だった。しかし仮にもし、このようなやり方がそもそも最初に妥当な選択として開発された理由を追求していたとしたら、私の悩みも少しは軽減していたかもしれない。だがそのような自問は発しなかったかわりに、やはり偶然だが、私は答を見つけた。それは、近代地質学の基礎を築いた名著、ゲオルギウス・アグリコラが一五四六年に著わした著作に何気なく目を通していたときのことである。

アグリコラの『発掘物の本性について』は、グーテンベルクの印刷術の恩恵を受けて初期に出版された重要な地質学書である。その長い参照著者一覧が、ファーストネーム順方式を採用すると同時に、広範な時代（紀元前九世紀のホメロスから一三世紀のアルベルトゥス・マグヌスまで）と広範な伝統（ギリシア時代の劇作家アイスキュロスからペルシアの哲学者ゾロアスターまで）をカバーしているのだ。ボーアンが引用していたAさんたち、すなわちアリストテレス、アヴェロエス、アヴィセンナも、みな登場している。しかしこの場合は、ファーストネームから始まる方式が完全に機能している。なぜならアグリコラが挙げている著者たちはみな、名前が一つしかないか、複数の語で構成されている場合でも、最初の単語で個人を特定できるからである。

早い話アグリコラは、近代地質学の出発点に位置している。したがって参照著者一覧はすべて古典に属している。氏名をもつ同時代の学者はまだ地質学分野の著書を出版していなかったからだ。それに加えて、ルネサンス期の学者たちは、ギリシア・ローマの黄金時代以後、知識はすた

SCRIPTORES,
QUORUM INVENTIS USUS SUM, ATQUE
EX IPSIS HI, QUI NON EXTANT, AB ALIIS UT
rerum, de quibus ſcribunt, autores citantur.

Ælius Lampridius
Ælius Spartianus
Æſchylus
Aetius Amidenus
Albertus
Alexander Aphrodiſienſis
Alexander Cornelius
Alexander qui ſcripſit res Lyciacas
D. Ambroſius
Antiphon
Apion Pliſtonices
Archelaus
Ariſteas Proconneſius
Ariſtophanes
Ariſtoteles
Aſurabas
Averroes
D. Auguſtinus
Aulus Gellius
Avicenna
Bocchus
C. Plinius Secundus ſenior
Caſſiodorus
Columella
Cornelius Celſus
Cornelius Nepos
Cornelius Tacitus
Cteſias
Diemachus
Democritus qui ſcripſit De lapidibus
Demoſtratus
Diodorus Siculus
Dionyſius Afer
Dioſcorides
Empedocles Agrigentinus
Eratoſthenes
Euripides
Fabius Pictor
Fl. Vopiſcus
Galen. Pergamenus
Græcus ignotus qui ſcripſit De admirandis auditionibus.
Hermogenes
Herodotus
Heſychius
D. Hieronymus
Hierocles
Hippocrates
Homerus
Horus
Jacchus
Iſmenias
Juba
M. Varro
Martialis
Megaſthenes
Metrodorus
Mithridates
Mneſias
Mutianus
Nicanor
Nicias
Oribaſius
Ovidius
Paulus Ægineta
Pauſanias
Philemon
Philoſtratus
Philoxenus
Phocion grāmaticus
Pindarus
Plutarchus
Poſidonius
Pſellus
Ptolomæus
Pytheas
Quadrigarius
Satyrus
Seneca
Serapio
Sex. Pompejus Feſtus
Solinus
Sophocles
Sotacus
Stephanus
Strabo
Sudines
Suetonius
Theognides
Theophraſtus
Theomenes
Theopompus
Timæus
Valerius Maximus
Verrius
Virgilius
Vitruvius
Xenocrates
Xenophon
Zenothemis
Zoroaſtres

FINIS.

ILLUSTRI

アグリコラの 1546 年の本の参照著者一覧は、ファーストネーム（たいていは名前が１つしかない）のＡＢＣ順で仕分けられている。この本の参照著者はほとんどがファーストネームで特定できる古代の著者であるため、この方式が賢明であるれてきており、自分たちに課せられた高貴な使命は、原則的に他に替えがたい、失われた完璧さを再発見し見習うことだと信じていた（ルネサンスの原義は〝再生〟）。

ところが学問分野が拡大し、ルネサンスの前提が崩れ、ほんとうに新しい知識は現代に生きる人間（しかも、姓によって識別される人間――これもまた文化の革新）によって発見されうるものという考えに席を譲った（特に科学の分野では）ことで、複数単語の名前のどの部分が個人の特定に役立つかとは関係なく、最初の語だけで参照著者一覧をリストアップするという古いやり方は意味を失ったのだ。そういうわけでほぼ必然的に、最も目立つ標識でリストアップするという近代的な方式――ヨーロッパ系ではほぼ間違いなくラストネームすなわち〝姓〟だが、もちろん、一つの名しかもたない古代人に対しては古い方式が踏襲された――が、急速に受け入れられ、一七世紀末には一般的になったのだ。一六七一年の重要な化学書（J・J・ベッヒャーの『新化学の実験』）の参照著者一覧では、この「近代的」な方式がすでに広まっていた。アグリコラがアリストテレス、アヴィセンナといっしょにA列の仲間入りを果たしたわけである。しかも、たとえアンドレアスというありきたりなファーストネームは思い出せなくても、わが冴えないヒーロー、カエサルピヌスの名をC列で見つけられるようになったのだ。

ようするに、印刷された科学書で最初に採用されていた参照著者のリストアップ方式が一五四六年時点のアグリコラにとって問題ではなかったのは、すべては古典の文献で、著者はみな一つの名前しか使っていなかったからなのだ。ところがボーアンが胃石の研究書を著わした一六一三

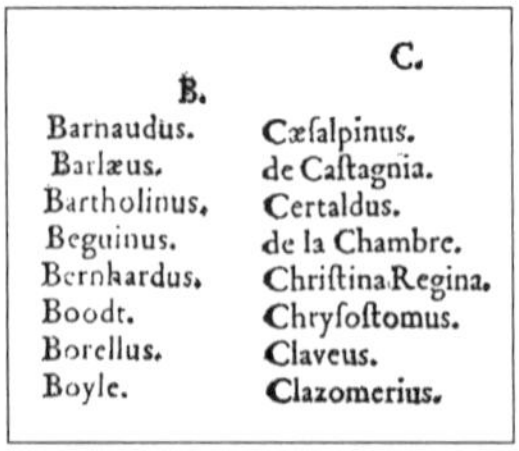

B.	C.
Barnaudus.	Cæſalpinus.
Barlæus.	de Caſtagnia.
Bartholinus.	Certaldus.
Beguinus.	de la Chambre.
Bernhardus.	Chriſtina Regina.
Boodt.	Chryſoſtomus.
Borellus.	Claveus.
Boyle.	Clazomerius.

ベッヒャーの1671年の本の参照著者一覧は、このとおり賢明なことに姓のＡＢＣ順で仕分けられている

年の時点では、古い方式はすでに不自由になっていた。それは学問のあり方が変わり、同時代人が発見した新知見を讃えるようになったことと、人名をめぐる社会情勢が変化したせいだった。ボーアンの参照著者リストは、ジョン、ビル、マイクといったファーストネームを先に並べる古い方式を採用しているものの、姓名二語からなる人名が数多く並んでいる。別の言い方をするならボーアンは、絶滅に瀕した移行段階の狭間にいたのだ。いうなれば、乗合馬車の乗客たちはロンドン行きのリストから時刻を知りたいのに、表示はまだ時刻順になっていた時代にあたっていたわけである。数十年内には目先の利く人物が登場し、単純な改革を実行し（いちばんわかりやすい名前でリストアップする）、古い方式（参照著者一覧）を新しい方式（現代の著者を優先する）に一元化する定めだったのだ。

　この種の逸話には共通したメッセージが潜んでいる。すなわち、最初はちょっとしたそれなりの理由で生まれた習慣が、世の中が変わり利便性を失ったというのに、おかしな障害として存続したりすることだ。こうしたことは、科学者をおもしろがらせる逸話ではあるが、自分たちの専門には関係のないことと思われがちである。ところが進化学者は、現在は当初とは異なる環境に適応しているにもかかわらず、昔進化させたものをそのままお荷物として抱え込み、複雑な遺伝と発生の仕組みから取り外せずにいる例をたくさん知っている。たとえば、クジラは水中生活に適応したものの、空気呼吸用の肺を捨てることはできない。ヒトは、直立姿勢のせいで、筋肉で補強されていない腰に負担がかかるため、腰痛に悩まされている。四足歩行をしていた祖先には無縁の負担である。ところが、科学の理論でもそれとよく似たことが起きている現実を、それほど重視していない。理論が成長発展する過程で、いつしか時代遅れの観念や伝統に縛られて硬直状態になっているにもかかわらず、そのまま踏襲されていたりするのだ。これは知的お荷物とでも言うべきもので、入り口の手荷物検査で引っかかるべきものである（そして気の利く航空会社によって行方不明にしてほしい）。

基本文書に残る最悪の不公正も最終的には修正されることで、武力による解決法というリンカーンの選択肢が生む悲劇は回避される。女性は参政権を獲得し、アフリカ系アメリカ人は国勢調査で五分の三人前に数えられることももはやない。しかし、それほど有害でもない不合理については、そのまま背負い込みつづけられている場合が多い。たとえば、大統領はアメリカの地理的領土内の生まれでなければならないという合衆国憲法の条項は修正されないままだ。つまり、あなたがこの世に生まれ落ちようとしたときに、メイフラワー号組の子孫で申し分なく愛国的な両親がたまたまフランスを旅行中だったとしたらどうか。歴史に足跡を残したいと思っているあなたの選択肢は、一つ失われることになる。

航空便の発着表示から参考文献、憲法での定義まで、ここまで論じてきた慣習はみな、分類や仕分けに相当するものである。すなわち、情報を取り出しやすくする（分類することの利便性面の理由）か、変異の基本を説明する（生物を分類する大切な理由）ために、関連のあるものを何らかの順序で並べようというのだ。ここで例に出した合衆国憲法の条項は、この原理の好例である。現時点では無慈悲であるかまったく無意味に思える主張はみな、カテゴリー分けと分類に関する質問において恣意的な答ができるものだ。誰が投票するか。国勢調査での人数の数え方はどうするか。一国の長にふさわしい基準として「志操堅固な人物」をどう定義するか。どんな言いがかりだってつけられる。

私がこの原理にこだわる理由は、誤った分類は自然現象に関する見方を曇らすだけでなく倫理的指針をも歪めてしまうような偏見の枠組みをわれわれの心に植えつけかねないからである。ここで言う誤った分類とは、当初はもっともな基準に基づく分類と見なされ、それがそのまま伝統として踏襲されたものの、後から考えると、せいぜいのところ任意的な基準でしかないか、悪くすれば有害としか思えない基準に基づくような分類のことである。じつは科学者という種族は、とりわけこの種の目くらましに騙《だま》されやすいような気がする。というのも、自分たちは世界を客観的に見ているという考え方をたたき込まれているからだ。そのせいで、自然界の現実を客観的に反映していると勘違いされたまま、学習という訓練文化によって心に植えつけられた分類手法による錯覚の犠牲者に、とりわけなりやすい。

思考に偽りの分類手法を押しつけることで、いかなる出発点からの前進をも可能にしてしまう訓練の威力を示す例をあげるために、話をボーアン兄弟に戻そう。ただし今回の主役は、弟カスパールによって大勢のジョンの中に埋没させられてしまった兄貴のほうである。現代人には奇妙に聞こえるが、近代地質学が誕生して最初の半世紀、すなわちアグリコラが最初に地質学書を出版した一五四六年から一六〇〇年まで、その種の出版物には化石の図版がいっさい載っていなかった。図版を満載した植物図譜の伝統はすでに出現していたというのにである。美しい活字で印刷されたアグリコラの厚い地質学書には、図版が一枚もない。古典として知られていたプリニウスの『博物誌』にも図版はない。一六世紀に出版されたもので化石の図版が一枚でも載っている書物は四つか五つしか思いつかない。しかもそのうちで、多様な図版を載せていたり図版を体系的に並べているものはわずか二つのみである。一つは、スイスの博学家コンラート・ゲスナーが一五六五年に著わした『発掘物について』。もう一つは、ドイツのボルにある薬効のある鉱泉と周囲の自然環境についてジャン・ボーアンが一五九八年に認《したた》めた書物である（ジャンはゲスナーの下で学び、研究を手伝ったことがあった）。

ゲスナーの著作は、特定の場所から発掘されたコレクションに関する報告ではなく、一般的な化石の例示である。そのため、当時のヨーロッパで知られていた主な「化石」グループからそれぞれ一種類か二種類ずつ選んだ化石を簡略な木版画にして紹介している。ただしそれらは、現代の基準からすればじつに雑多な品揃えである。なにしろ、旧石器時代の石斧は落雷によって天から降ってきた石と説明されていたし、ウニの殻をヘビの卵と説明していた学者のいた時代のことである。

その一方で、ボーアンの研究書は、科学における重要な伝統の端緒となった。その記述は、特徴的な種類や代表的な標本を取り上げているだけにとどまらず、特定の動物群で見つかっている多様性の全体を取り上げようとしている。いうなれば、混乱を招く選択や説明抜きに「目に入るものを片っ端からすべて」取り上げているのだ。その証拠に、前書きにあたるほんの数節の文章の中で、ボーアンは、自分はただ目にしたものを紹介するだけで、化石の意味に関する悪しき論争にかかわるつもりはないと断わっている。ボーアンのそんなあっぱれではあるが（己の目的にとっては）目をそらさせることになる行動のせいで、読者は前述したアグリコラやゲスナーといった、先人の著作に頼るしかないことになる（ボーアンもそう述べている）。謙虚に自然に仕える人ジャン・ボーアンは、自分が見つけた化石に読者の注意を向けさせるだけで、その解釈は読者自身に委ねているのだ。

そういうわけで、五三ページと二一一点の図版からなるボーアンの研究書は、ある特定の場所で見つかった化石標本の全点を提示した最初の印刷物である。その研究書に目を通すわれわれは、賢王アルフォンソ一〇世の言ではないが、自然が提供する素晴らしい多様性を記述し分類する際の大切な伝統のまさにその「創生に立ち会っている」のだ。しかし、その特権をいかにありがたがろうが、ボーアンの独自性をいかに正しく評価しようが、本エッセイのテーマを思い出し、文

ボーアンの1598年の研究書の図。リンゴはへたを下に、ナシはへたを上にした向きで描く約束を作り、リンゴとナシを区別しようとした

化の実践に関する重要な疑問を問いかけないわけにいかない。ボーアンはこの分野を創生するにあたり、いかなる慣例を考案したのだろう。当時にあって、ボーアンが考案した規則と慣例ははたして意味のあることだったのだろうか。知識を増やす上でそれが専断的な障害となり、自然界の〝客観的〟な事実を提示するための〝自明〟の方法であるかのごとく立ちはだかったのではないのか。

現在の描画法は変わった人物の勝手な工夫に発していることを示す注目すべき証拠は、ボーアンの一五九八年のこの研究書で化石を紹介している箇所の最初の章を見ればよい。地元産のナシとリンゴに見られる変異を論じている章である。ふつうのリンゴとふつうのナシを混同することはない。ところがドイツのそのあたりの地域ではリンゴもナシも形状がいびつで、リンゴはぽってりと膨らんで伸張した形状で、ナシは本来ならば尖《とが》っているはずの上部が膨らんで上下に押しつぶされたような形状をしていたりするため、形だけでは区別しにくいものがたくさんあるというのだ。そこでボーアンは、リンゴはすべてへたを下にした向きで描き、ナシはすべてへたを上にした向きで描く約束にした！

ボーアンの約束は定着しなかったため、その図版を見るとなんとなく違和感を感じる。現代人が見ると、ボーアンが勝手に決めた約束の根拠のなさが、いやが上にも目立つのだ。しかし、ボーアンの約束がそのまま定着したとしたらどうだっただろう。ゴールデンデリシャスが逆さに置かれ、洋梨のバートレットがへたを上にして置かれているのを見て、なぜそうなのかと不思議がったりするだろうか。いや、そもそもこの問題に関心を抱いたりするだろうか。おそらく、生まれたときから目にしてきた約束どおりに描かれていることをそのまま受け入れるにちがいない。リンゴもナシも、重力にしたがって枝からぶら下がっている方向に置かれていて当然だなどとは、考えもしないのではないか（あるいは、コンクリートジャングルの中で生活している都会人は、絵に描かれている向きと自然の向きが違うことに気づきもしないかもしれない。正直な話、ニューヨークっ子として育った私は、長いあいだ、ミルクが牛のあのお乳――オエッ！――から出たものだとは知らずにいた。最初から瓶詰めされたものだとばかり思っていたのだ）。

この例はばかげていると思う読者もいるかもしれない。しかしわれわれはこれと似たような勝手な約束に従って、自然界の実体の取り扱いをしょっちゅう間違えている。たとえば英語圏の出版物では、巻き貝を描く際、必ず殻の尖ったほうを上にし、開口部を下にしている。尖った方が上で開口部が下というこの向きは、私にはとても自然なものに思える。もちろん、巻き貝ではそれ以外の向きはありえない。ところがフランスの書物では、そもそもどうしてそんなことになったのか皆目不明だが、巻き貝を描く際にはそれと反対の向きにするのがふつうである。つまり、尖ったほうが下で、開口部が上なのだ。ということは、何百万人ものフランス人が間違っていることにならないだろうか。しかし、そうしたちがいがあることを知り、この問題について改めて考えてみると、突如として大事なことに気づくはずだ。フランス式と英語圏式のちがいは、ボーアンのリンゴとナシと同じではないのか。自然との整合性でいえば、どちらも正しいとは言いがたい。たいていの巻き貝は、岩の表面や海底を水平になって這っている。その場合、殻の尖ったほうも開口部も、海底に対して基本的には平行の関係になる。本来、どちらも上下の関係にはならないのだ。

個人的にはいささか当惑するのだが、勝手な約束事と自然の実体との齟齬《そご》について重要なことを教えてくれる別の例もある。私は前に、北極は上にあって、地球は地軸を中心に反時計回りに回っている（神の視点か宇宙飛行士の視点で上から見るとこうなる）と書いたことがある。するとオーストラリアの読者から手紙が来て、宇宙には絶対的な〝上〟も〝下〟もないと慇懃《いんぎん》に指摘され、地図の伝統的な描き方は、地図作製者であるヨーロッパ人が住んでいた場所を反映したものにすぎないことを思い出させてくれた。その読者の愛国的な見方からすれば（それと「上」が〝善〟という、もう一つの怪しい伝統に従うなら）、南極が上で、地球は南極点の周りを時計回りに自転しているべきなのだ。

地図描画の歴史を考えると、こうした状況はさらに混迷し、よりはっきりと慣習的な約束に縛られている。中世に作られた地図の多くは、地球は宇宙の中心にあって回転していないというプトレマイオス流宇宙観のもと、太陽が昇る方角である東が地図の上を向いている。そもそも〝東〟を意味する〝オリエント〟という言葉は、語源的には太陽が〝昇る〟という意味だった。それが、標準的な地図では東が最も好ましいとされる上方の位置を占めるようになったことで、〝位置を定める〟という、もっと象徴的な意味を付加されることになった（同じ理由から中国人はかつてオリエンタル〔東洋人〕と呼ばれていたが、今は差別的な呼び方とされている。一方、ヨーロッパ人は、太陽が〝沈む〟西の方向の人という意味でオクシデンタル〔西洋人〕と呼ばれるようになった）。

ボーアンが記載している二〇〇以上もの化石の描画は、一六世紀古生物学の図版が一カ所に集められたものとしては最大のお宝である。それらの描画を詳しく見てみると、化石の正体と生命の歴史に関する正しい理解をほぼ二世紀にわたって遅らせたいくつかの約束事――すでにすっかり忘れられているせいで現在の科学者の大半は知らない慣例――の始まりが見て取れる。ここでは三種類の例だけを取り上げよう。いずれも、一六世紀古生物学の分類上の慣例に則ったものである。ボーアンの描画は自然なイラストというよりは慣例に従ったものであり、一八世紀末に、化石を古代生物として描く〝近代的〟な図版に取って代わられたということを心に留めよう。そうすれば、古生物学の黎明期に理解のしかたに重要な変革がなされ、貴重な知識の獲得がもたらされたことがよくわかる。

一、カテゴリーの合体　ボーアンの生きた時代に化石（fossil）といえば、地中から見つかる物体すべてを指していた。そもそもこの単語自体、ラテン語で〝掘り出す〟という意味のfodereの過去分詞に由来している。したがって古代生物の遺骸も、水晶や鍾乳石ほか、さまざまな無機物と同じカテゴリーに入れられていた。生物の遺骸は独自の存在で、それだけのカテゴリーに入れられるべきものであると認識され、歴史的産物として正しく解釈されるようになるまで、地球は長い長い時間をかけて連続的に変わってきたという概念を中心にすえた近代地質学が、地球に関するそれ以前のパラダイムに取って代わることはできなかった。それ以前は、地球の年齢はほんの数千年で、ノアの大洪水が世界を一変させたことを除けば、その間ずっと今と同じ姿を保ってきたという考えが支配していたのだ。

水晶が鉱床で成長し、鍾乳石が洞窟で形成されるように、化石も鉱物界の産物として岩石中で生まれたのだとすれば、石化した〝貝殻〟は鉱物界の中の適切な場所で造作された無機物の一種ということでよいことになる。そういうわけでボーアンは、巻き貝化石の絵を円錐形をした水晶の横に並べている。どちらも形が似ているし、どちらも無機物と考えて差し支えなかったからである。つまり、この分類法は純然たる観察に基づく中立な〝事実〟だとボーアンは主張しているが、実際はそうではない。ボーアンの配置のしかたは、その起源も意味もまったく異なる二つの物体を並置したもので、これは自然の成り立ちと歴史の様相に関する一つの説を体現させたもの

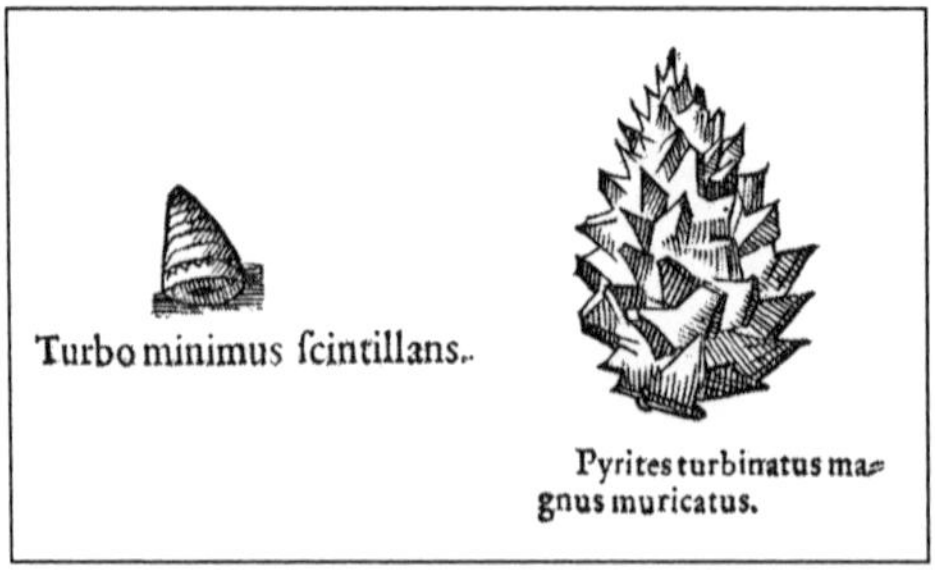

ボーアンの分類によると、巻き貝の貝殻は無機物である水晶の横になる。どちらもほぼ同じかたちをしているからだ

なのだ。それは、科学思想史における大革命の一つである深遠な時間と莫大な変化の発見と、真っ向から対立する世界観の表明なのだ。

二、本物とたまたま似たものとの見分け損ない　意外かもしれないが、ジャン・ボーアンやその同時代人たちは、すべての化石はもともと無生物だったはずで、かつての植物や動物の死骸が化石化したものなどではありえないと主張したわけではなかった。むしろその時代の人々は、生物の遺骸と見なしていたものと、鉱物界の無生物的な産物であるはずなのに生きものや人工物との類似を奇妙に思ったり意味のあるものだと思っていた化石以外の岩石とをしっかりと区別できなかったのだ。ボーアンはたとえば、雄の性器に似た六個の岩を一ページにまとめて載せる一方で、別のページには、形がヘルメットや兜をかぶった頭に似た水晶の集合体を載せている。ボーアンも、それらの岩が本物のペニスと睾丸が化石化したものだとは思っていなかったし、百年戦争で英軍が仏軍に勝

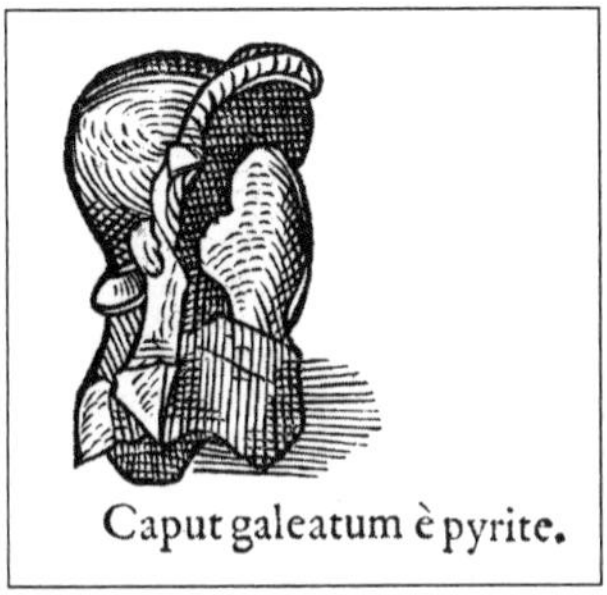

ボーアンが図版につけたキャプションによると「黄鉄鋼でできた兜」。ボーアンは、少なくとも象徴的には意味があると見ていたが、たまたま似ているだけである

利したアジャンクールの戦いの際の兜が縮んだものだとも説明していない。しかし、生きものの死骸とおぼしきものとたまたま形が似た鉱物とを並置して分類するというボーアンのやり方は、リンゴとオレンジをいっしょにしてしまっている（あるいは、リンゴとナシを、上下反対向きに置くという実りある区別をせずにいっしょくたにしてしまっている）。このやり方が、植物や動物の本物の化石の起源とその原因、そしてその様式を見抜ける力を阻んだのだ。

三、生物化石をその起源を見抜けないようなしかたで誤って描く　ボーアンは、物の正体に関する説に曇らされていない自分の目で見たままに描いていると主張している。掲げた理想としては賞賛すべきかもしれないが、それをほんとうに実行するのは実際問題として不可能であることも認めねばならない。化石のかけら（そのほとんどは小片）や鉱物の粒、堆積した際の混入物が入り交じっている上に、割れたり欠けたりしたまぜこぜの岩ほど面食らわされるものはない。それら

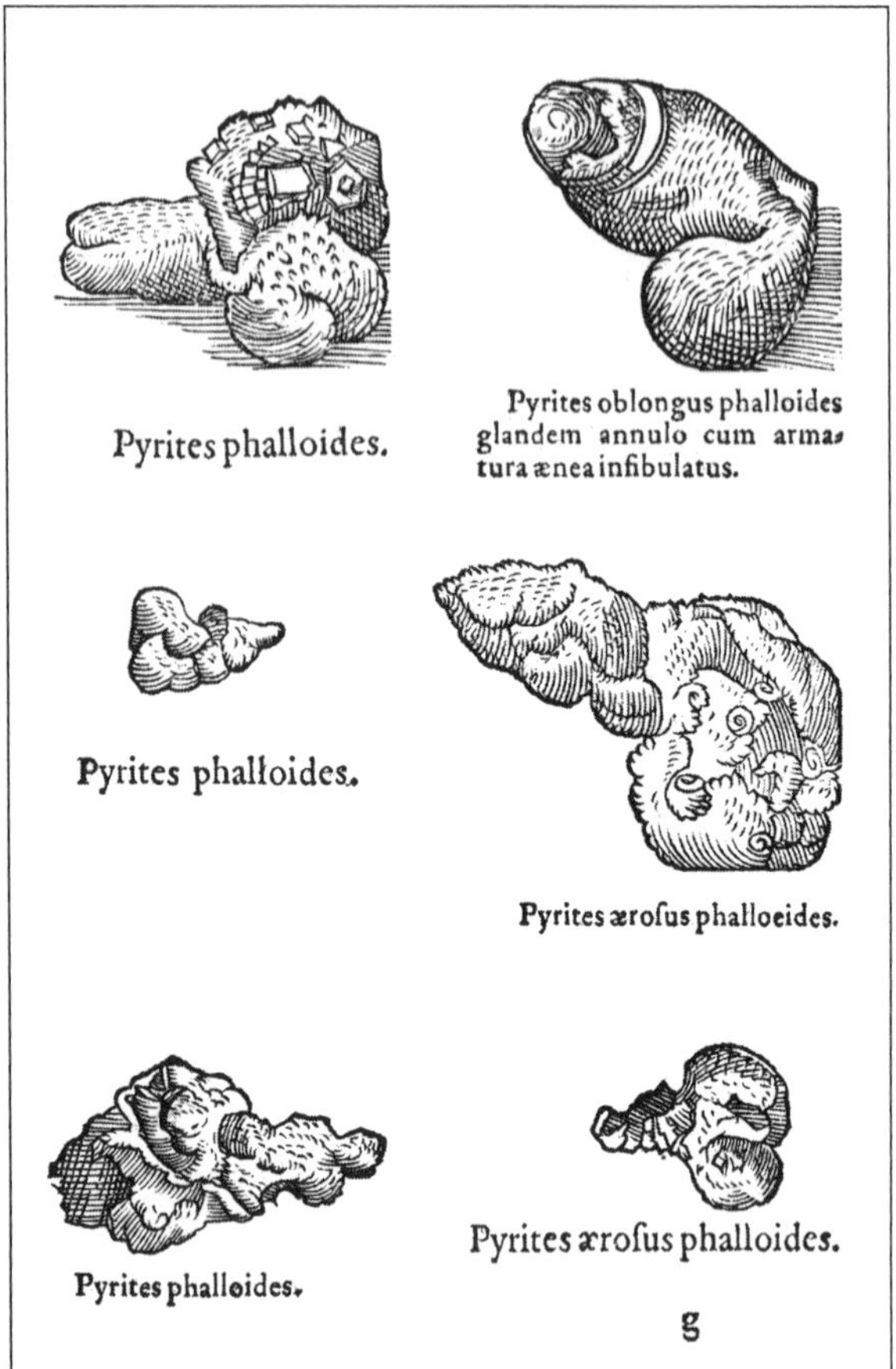

ボーアンが1598年に描いた、ペニスに似た6つの岩の図。ボーアンは本物の人体の一部が化石化したものだとは思っていなかったが、現代では偶然だと考えるこの類似を意味があるものだと見なしていた

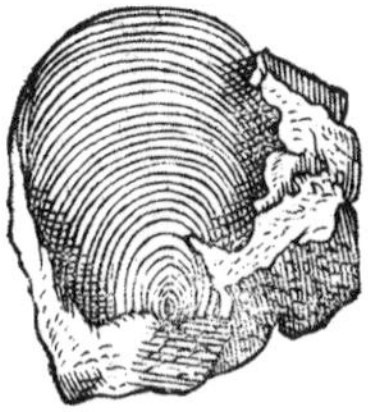

ボーアンはこの化石二枚貝の殻に残る成長線を、同心円状に不正確に描いている。このように成長する生物の遺物だということがわからなかったのだ

を正確に描くには、その正体に関する何らかの説を受け入れなければならない。そうしなければ、ごちゃごちゃの見かけをした物体を何かしら統一のとれた絵に仕上げることはかなわないだろう。

ボーアンの絵には、成長して大きくなった古代生物の貝殻だということがわからないまま描いたものが多い。そのせいで、仕上がりを見ると、それが生きていたときの状態が想像できないような誤った状態に描かれている。たとえば、化石二枚貝の殻に残る成長線を、同心円として描いているのだ。それだと、殻片の表面の一点から成長が始まったかのように見えてしまう。そんなことはありえないわけで、実際には二枚の殻片が結合している部分の殻の縁から成長線が始まって放射状に広がっているはずである。

ボーアンは、たくさんのアンモナイトの殻をかなり正確に描いてもいる。しかし、今もいるオウムガイの絶滅した親戚にあたるアンモナイトは、殻の渦巻きをどんどん大きくする形で成長していた（なにしろ殻の中にいる動物が成長するのだから）。

それなのにボーアンは、いくつものアンモナイトで、最終的な渦巻きを、成長初期の段階の渦巻きよりも小さく描いている。この誤りをそのまま読み取るなら、その殻が生きて成長していた生きものの体とは思えない。極めつきの例は、三個のベレムナイト（イカに似た動物の体内にあった長円錐状の殻）を、尖った先を下に向けて描いた絵だろう。しかもその上端には無機物の結晶が付着しているため、洞窟の天井からぶら下がっている鍾乳石を思わせる。

その後の古生物学者も、ボーアンが化石の図像に関して一五九八年に開発したこの三種類の約束事を長らく踏襲したため、生命の歴史を科学的に理解する上で鍵となる原理、すなわちほんとうの生きものの遺骸と本物と紛らわしい無生物とを明確な分類基準に従って分けるという観点を確立することができなかった。その結果、「形を与えられた石」という、生物学とは無関係なカテゴリーにすべていっしょくたにされていた期間が長く続いた。形も起源もまったく異なる石でも、「形を与えられた石」というカテゴリーは便利な解釈だったのだ。このような化石の描画法と分類は一八世紀末まで踏襲されたため、その分、地球の年齢と生命の変遷に関する理解は遅れることになった。フォッシルすなわち化石という言葉が現在のような生物起源のものだけに限定される用法が定着したのも、一九世紀初めのことだった。

私は別に、ナチュラリストが化石の意味を理解しておらず、生物の遺骸と純粋な鉱物とを区別していなかった時代には意味のあった描画法をジャン・ボーアンが確立したことを責めるために、昔の話を持ち出しているわけではない。ボーアンが作った約束事のせいで、正しい解釈の登場が

Ammonis cornu hærens pyritæ.

このアンモナイトの化石の図では、最終的な渦巻きが小さくなっていく。この物体は成長とともに幅が広くなる生物の化石だとボーアンが認識していなかったことを示している

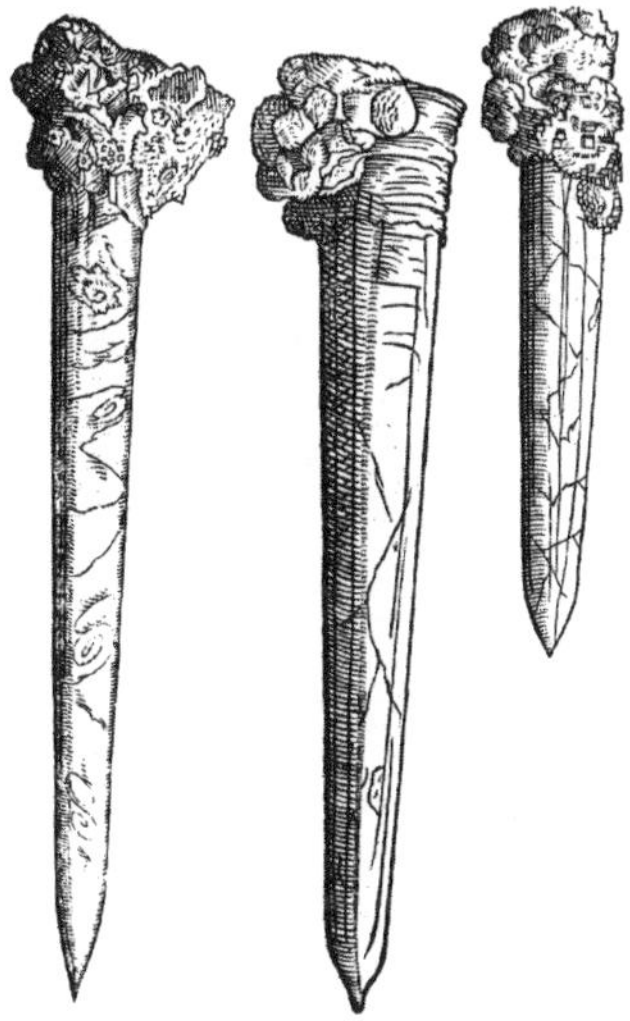

ボーアンが化石は古代の生物だったことを理解しないまま描画法の約束を定めた極めつきの例。三個のベレムナイト（イカに似た動物の体内にあった長円錐状の殻）を、洞窟の天井からぶら下がっている無機質の鍾乳石のように、尖った先を下に向けて描いている

遅れ、もっと実りある分類法の確立が妨げられたからといって、死者を責めるわけにはいかない。先人がしかたなく犯した誤りを正せなかったのは、生きている者たちの落ち度である。

私はむしろ、植物分類という重要な分野で共に大きな業績を残したボーアン兄弟を誉め讃えたい。胃石の本を著わした弟のカスパールは、一六二三年に主著『ピナクス』を出版した。それは、四〇年間におよぶ苦労の成果として著わした、六〇〇〇種類あまりの植物名をあげた分類体系である。ボルの化石をまとめた兄のジャンのほうの主著『世界の植物史』は、死後三七年を経た一六五〇年に出版された。こちらに載っている五二二六種類の異なる植物についてはさらに精緻な記載と異名が収録されている。

ボーアン兄弟以前の植物分類は、植物の形態に見られる類似に基づく何らかの自然な基準を決めるというよりは、一般に人間の都合に応じた気まぐれな分け方に従うものだった（なかには植物名をアルファベット順に並べるだけのナチュラリストもいた）。植物そのものに固有の秩序に基づく〝自然〟分類を初めて系統的に探そうとした人物こそ、ボーアン兄弟だった（ボーアン兄弟は、その自然の秩序とは神慮であると解釈していたはずである。それに替わる現在の解釈は、進化によって生み出された系図的な類似性というものだ。しかし、とにかく〝自然〟分類を探そうと決めたことは、秩序の原因を明かそうとしてなされたその後の試みに先行しており、それ以上の価値がある）。

カスパール・ボーアンは、胃石の本では旧式の体系を踏襲したことで、書誌上の改革をいくらかは遅らせたかもしれない。ジャン・ボーアンは、すぐに意味を失ったにもかかわらず後世の覇気も想像力もない科学者が堅持した描画法の約束を確立したことで、古生物学の発展をさらに有害なかたちで妨害したかもしれない。しかしボーアン兄弟は、植物分類の実りある基盤を築くという輝かしい業績により、上記のマイナスを帳消しにした。二人の分類体系は、後の二名法に近い手法を採用していた。リンネウス（リンネ）が一八世紀半ばに体系化した二名法は、未だに現代の生物分類学の根幹をなす方法である。

ボーアン兄弟の名は、リンネの薫陶を受けた初期の植物学者が熱帯に産する樹木の属名をバウヒニアと命名したことで科学に名を残している。リンネ自身も、その属の一種をバウヒニア・ビジュガと命名することで、兄弟に最高の栄誉を与えた。それは「ボーアン兄弟が結びつけた」という意味である、ボーアン兄弟の共同作業を讃えた命名なのだ。そこで思い出されるのが、エイブラハム・リンカーンの、冒頭で掲げたのと同じ就任演説中の末尾にある、開戦を目前にした同胞間の結びつきを思い出させようとした有名な言葉である。なんとかして「記憶という神秘的な情念」を思い出し、より高次の理解の上に立って、以前の団結をいつの日か再構築しなければならないというのだ。

旧弊な体系という障害は困惑と不協和音をまき散らすかもしれない。しかし、より実り多い配列探しと、ついつい伝統的な思考に走りやすい傾向への挑戦に傾注するならば、一見するとつまらない方策に見えるものの、じつは最も効果的な知的工夫によって思考の幅を拡大することができる。その工夫とは、知的停滞を打破するための新しい分類手法を編み出すことだ。「さあ立ち上がって出ておいで。ほら、冬は去り、雨ももうやんだ。地面には花が咲き出した」（『雅歌』2ノ10〜11）。ボーアン兄弟が実らせた自然の果実を、後世の者たちは分類し賞味した。

上巻／図版クレジット

105頁　Courtesy of the Daughters of the Republic of Texas Library.
119頁　Republished with permission of Globe Newspaper Company, Inc.
165頁　Courtesy of the Granger Collection, New York.
169頁　Courtesy of Art Resource, New York.
176頁　Courtesy of the Granger Collection, New York.
199頁　Courtesy of AKG, London.
203頁　Courtesy of the Natural History Museum, London.
213頁　Dave Bergman Collection.

その他はすべて著者のコレクションより載録。

ぼくは上陸《じょうりく》している〔上〕
進化をめぐる旅の始まりの終わり
2011年8月10日　初版印刷
2011年8月15日　初版発行
*
著　者　スティーヴン・ジェイ・グールド
訳　者　渡辺《わたなべ》政隆《まさたか》
発行者　早川　浩
*
印刷所　中央精版印刷株式会社
製本所　中央精版印刷株式会社
*
発行所　株式会社　早川書房
東京都千代田区神田多町2−2
電話　03-3252-3111（大代表）
振替　00160-3-47799
http://www.hayakawa-online.co.jp
定価はカバーに表示してあります
ISBN978-4-15-209231-1　C0045
Printed and bound in Japan
乱丁・落丁本は小社制作部宛お送り下さい。
送料小社負担にてお取りかえいたします。

ハヤカワ・ポピュラー・サイエンス

神は妄想である

——宗教との決別

THE GOD DELUSION

リチャード・ドーキンス

垂水雄二訳

46判上製

圧倒的な説得力の全米ベストセラー

人はなぜ神という、ありそうもないものを信じるのか？　なぜ神への信仰だけが尊重されなければならないか。非合理をよしとする根強い風潮に逆らい、あえて反迷信、反・非合理主義の立場を貫き通すドーキンスの畳みかけるような舌鋒が冴える。日米で大論争を巻き起こした超話題作